本当にあった！

特殊飛行機大図鑑

Unusual Air Plane Picture Book

横山雅司

Masashi Yokoyama

彩図社

はじめに

もしもあなたが飛行機に乗ることになったとしよう。

その時、航空会社の社員が現れて「この飛行機は特に整備も点検もしていません。しかし、必ず飛べるという強い意志と信じる心があれば、この飛行機は必ず飛びます！」と自信満々に断言したら、あなたならどうするか。

私なら即座にキャンセルし、二度とその会社は使わない。

飛行機の部品に精神論で駆動するパーツは一つもない。

すべてが事実の確認の上に事実の確認を重ねて作られているから、飛行機は空を飛ぶのである。機体の強度を確認するために、実際に破壊して確かめるほどだ。

空港でもそれは徹底され、滑走路の確認では小さなゴミ一つあってもフライト延期である。航空管制官は集中力が切れない様に、30分から1時間ごとに交代で休憩を取り、根性で作業することは許されない。人間は必ず疲労するものだからだ。

この妥協のない現実直視の姿勢こそが、金属の塊である飛行機を飛ばすのである。

だが、現実の壁は厚い。

仮に世界一の善人が夢と情熱を注いだ機体だとしても、物理法則は贔屓してくれたりはしない。飛べない飛行機は飛べないし、落ちる飛行機は必ず落ちるのである。それゆえに、飛行機の歴史は時に人命をもかけた試行錯誤の歴史でもあった。

本書で紹介しているのは、その試行錯誤の歴史の結果、生み出されてしまった〝特殊な飛行機〟たちである。

一口に〝特殊な飛行機〟といっても、その素性は様々だ。

飛行機の正解がわからなかった黎明期、暗中模索の中で誕生した奇妙な機体。

性能の向上を追い求めるあまり、陳腐化してしまった機体。

国家の威信をかけて製造し、大失敗に終わった機体。

先進的なアイデアに基づいて設計されたが、斬新すぎて1ミリも飛ぶことがなかった機体。

航空技術が発達した現代から見れば、本当に正気だったのかと開発者たちを疑いたくなるようなものもある。

しかし、現在、人類が享受している〝空の繁栄〟は、航空史の闇に埋もれたそれら数々の失敗の積み重ねによって築かれたものでもあるのだ。

何度墜落しても、それでも人類は空を飛びたいと願った。

本書がその熱い情熱の歴史に触れる一助になれば幸いである。

本当にあった！特殊飛行機大図鑑
～目次～

はじめに …… 2

第一章 スピード競争の成れの果て …… 11

01 ルデュック010 …… 12
02 XF5F〝スカイロケット〟 …… 14
03 ベル X-1 超音速実験機 …… 16
04 ダグラス X-3スティレット …… 18
05 SO・9000トリダン …… 20
06 WS-110A初期案型爆撃機 …… 22
07 ノースアメリカンXB-70 …… 24
08 ベルX-5可変翼機 …… 26
09 プロジェクトY2とシルバーバグ …… 28
10 ポンドレーサー …… 30
11 リパブリック XF-84H …… 32
12 デ・ハビランド モスキート …… 34

13 ダグラスXB-42 …… 36
14 ノースロップXP-56 …… 38
15 バルティーニ スターリ6 …… 40
16 リパブリックXF-103 …… 42
17 ZELLゼロ距離射出計画 …… 44
18 ハインケルHe119高速爆撃機 …… 46
19 シコルスキーS-97レイダー …… 48
20 イブ・ロッシーのジェットマン …… 50
21 ウイングスーツ …… 52
【飛行機よもやま話1】そもそもマッハって何? …… 54

第二章 珍兵器で大空を征服せよ! 55

22 ノースロップXP-79 …… 56
23 チャンスヴォートXF5U …… 58
24 P-51ムスタング ラムジェット試験型 …… 60
25 F-15 IFCS実験機 …… 62

26 アーセナル・ドゥランヌ10C2 …… 64
27 アラド Ar198 …… 66
28 BAC P・35〝ジャンピング・ジープ〟 …… 68
29 コンベア モデル49 …… 70
30 カーチスライト X-1 …… 72
31 カマン K-16B …… 74
32 コンベア XFY-1〝ポゴ〟 …… 76
33 低騒音観測機QT-2 …… 78
34 ロックウェル XFV-12 …… 80
35 ベル D-188垂直離着陸機 …… 82
36 ベル YFM-1 エアラクーダ …… 84
37 ヘンシェル Hs129B-3 …… 86
38 ショートSC-1 …… 88
39 日本軍飛行船隊 …… 90
40 X-20ダイナソア …… 92
41 RQ-3ダークスター偵察機 …… 94
42 ボーイング X-50A無人ヘリコプター …… 96
【飛行機よもやま話2】世界初のジェット戦闘機対決 …… 98

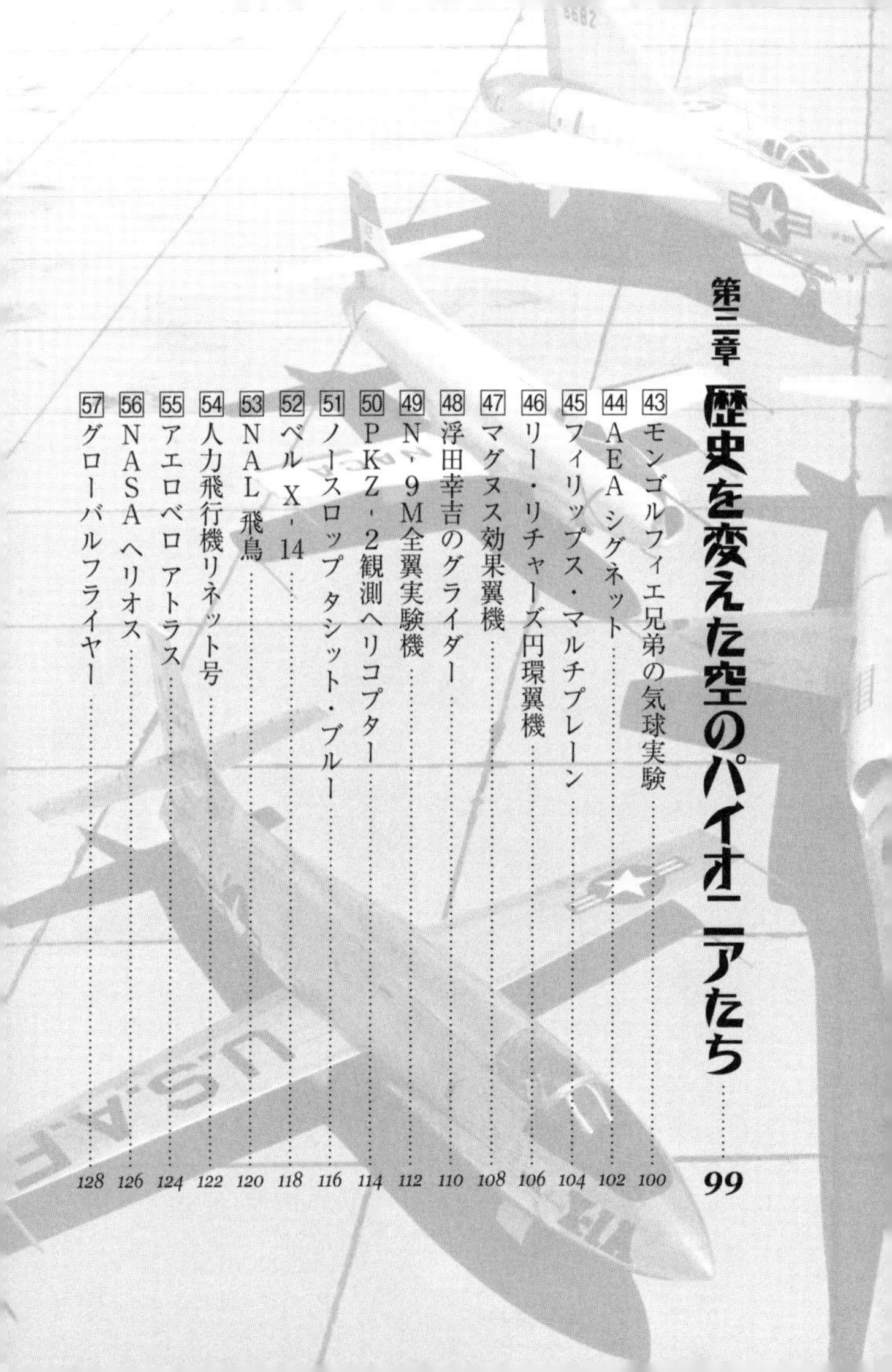

第三章　歴史を変えた空のパイオニアたち……99

43 モンゴルフィエ兄弟の気球実験……100
44 AEA シグネット……102
45 フィリップス・マルチプレーン……104
46 リー・リチャーズ円環翼機……106
47 マグヌス効果翼機……108
48 浮田幸吉のグライダー……110
49 N・9M全翼実験機……112
50 PKZ・2観測ヘリコプター……114
51 ノースロップ タシット・ブルー……116
52 ベル X・14……118
53 NAL 飛鳥……120
54 人力飛行機リネット号……122
55 アエロベロ アトラス……124
56 NASA ヘリオス……126
57 グローバルフライヤー……128

58 打ち上げ脱出システムLES …… 130
59 月着陸研究機LLRV …… 132
60 スカイラブ計画 …… 134
61 RVT-9再使用ロケット実験 …… 136
62 ファルコン9 …… 138
【飛行機よもやま話3】高度との戦い！ 航空機エンジンの歴史 …… 140

第四章 知られざる〝迷〟輸送機の世界 …… 143

63 ボーイング747シャトル輸送機 …… 144
64 VM-T輸送機 …… 146
65 ATL-98カーベア …… 148
66 エアバス ベルーガ …… 150
67 アラド Ar232 …… 152
68 カモフ Ka-22垂直離着陸機 …… 154
69 ドルニエ Do31 …… 156
70 Mi-32超大型3ローター輸送ヘリ …… 158
71 エアリオンⅢ …… 160

72 エアリオン26 …… 162
73 ハインケルHe111Z …… 164
74 ユンカースJu322〝マムート〟 …… 166
75 ヒラーX-18 …… 168
76 ブルネリRB-1 …… 170
77 ハフナーローターバギー …… 172
78 フィアット7002 …… 174
79 ロケット打ち上げ機ロック …… 176
【飛行機よもやま話4】青森のリンゴと太平洋無着陸横断飛行 …… 178

第五章 〝変わり者〟飛行機列伝 …… 179

80 ウィリアム・ホートンのウィングレス …… 180
81 ルータン・クイッキー …… 182
82 ファセットモービル …… 184
83 ヒラーVZ-1ポーニー …… 186
84 ベルロケットベルト …… 188
85 パイアセッキPA-59H/N …… 190

86 アストロV ダイナファン …… 192
87 ギボーダン タンデム環状翼機 …… 194
88 ジーベル Si201 …… 196
89 シエルバ W・9ヘリコプター …… 198
90 XH・26ジェットジープ …… 200
91 フーガ CM・88 ジェモー …… 202
92 カスターCCW・5チャンネルウィング …… 204
93 ノール500 VTOL実験機 …… 206
94 コンベア NC・131H …… 208
95 バルティーニ VVA・14 …… 210
96 プロジェクト・モーガル …… 212
97 エイブラムスP・1 エクスプローラ …… 214
98 台風観測機 …… 216
99 空中天文台SOFIA …… 218
100 CASA C212 地中探査機型 …… 220
参考文献 …… 222

第一章　スピード競争の成れの果て

特殊飛行機
NO.001

【夢追い人の理想と現実】
ルデュック010

フランス

１９３０年代、フランスの航空機メーカーである**ブレゲー社**に**ルネ・ルデュック**という技師がいた。ルデュックは、理論のみで未だ実用化されていないあるエンジンの研究をしていた。それは**ラムジェットエンジン**である。本書にも何度か登場するが、ラムジェットは高速で飛行しながら空気を吸入することで、内部が狭くなった筒状のエンジン内で圧縮、燃焼するエンジンである。軽くシンプルで、当時は作るのが困難だったタービンブレードが不要なことから、むしろ通常のジェットエンジンより容易に作れる可能性もあった。１９３７年、ルデュックは政府の資金と会社の許可をもらい、独自にラムジェットの開発に取り掛かる。

第二次世界大戦による研究の中断を挟み、１９４６年に完成したのが**ラムジェット実験機「ルデュック０１０」**である。外見は極めて特異なもので**ラムジェットそのものである胴体**はほとんどがらんどうの筒、操縦席はノーズコーン内にあり、エンジンの空気取り入れ口に埋め込まれている。胴に開けられた小窓から外を見る構造だったが、視界は悪かったに違いない。ラムジェットの原理上、**自力で離陸できないので母機に運んでもらう**必要があった。

０１０は母機からの分離や滑空などの試験を順調に行い、エンジンを点火しての試験で

[ルデュック010　DATA]【初飛行】1947年　【全長】10.25m　【全幅】10.52m　【最高速度】マッハ0.85　【乗員】1名

は、**マッハ0・85、1万1000メートルまで軽々上昇**と、悪くない性能を示した。

ルデュックは、ラムジェット機の研究一本に絞るためブレゲー社を退社。**ルデュック社**を立ち上げ、010二号機、改良型の016、新設計の021、決定版とも言える022と、次々と実験機を作り上げた。

しかし、**ルデュックのラムジェット機が実用化されることはなかった**。原理的には超音速で素晴らしい性能を示すはずのラムジェットエンジンだが、ルデュックの機体はそこまでの性能を示せなかった。通常のジェット機も進歩し、フランス政府の厳しい台所事情もあって、**1958年に開発は中止**されてしまった。その後、ルデュック社は航空機から撤退、現在では**油圧ポンプのメーカーとして存続**している。

特殊飛行機 NO.002

【海を守る奇想の船】

XF5F〝スカイロケット〟

アメリカ

　1938年頃、アメリカ海軍は空母で運用する艦載機により強力なパワーを求めていた。当時の航空機用エンジンは非力であり、エンジンが1つしかない単発の小型戦闘機の速度と上昇力をさらに引き上げたかったのだ。

　この海軍の要求に対して**「エンジン1発で足りないのなら2発載せよう」**ということで、本来なら単発機サイズの小型戦闘機にエンジンを2発載せた、双発戦闘機のアイデアを温めていたグラマン社の提案が採用されることになる。

　これが**グラマンXF5F**である。XF5Fはまさに海軍が欲しがった通りのパワーを持つ戦闘機であり、9気筒空冷星型エンジンを2発搭載しながら、**機体は異様なほどコンパクト**で、**機首が主翼の前縁より後ろにある**という奇妙なデザインであった。プロペラは互いに逆方向に回転することで、発生するトルクを打ち消していた。エンジン1発あたりの馬力は**1200馬力**に達し、この**当時の単発戦闘機1機分に匹敵、単純な足し算をすれば通常の戦闘機の2倍の馬力がある**ことになる。実際上昇力はかなり良好で、そのため**「スカイロケット」**とのあだ名をつけられていた。

[XF5Fスカイロケット DATA]【初飛行】1940年 【全長】8.76m 【全幅】12.8m 【最高速度】586km/h（低空で616km/h） 【乗員】1名

しかし、XF5Fは**実際の性能がパッとしなかった**。エンジンの冷却トラブルが発生したり、機体の空気抵抗が大きいせいで**やたら馬力がある割に速度が出ない**など問題が多く、最高速度も時速586キロと**単発機と比べても大差なく**、製作陣は改修作業に追われた。そうこうするうちに**F4Uなど進歩した単発機にも見劣りする**ようになり、とうとう1944年、計画自体が中止されてしまった。

しかし、その未来的な外観は格好の宣伝材料であり、実際の性能はパッとしなかったが、海軍の宣伝には大いに貢献し、そのため試作に終わった**失敗作の割には、写真資料が多く残されている**という変わった飛行機である。またDCコミック『ブラックホーク』に登場することでも知られている。

特殊飛行機
NO.003

【人類初の超音速機】
ベルX‐1超音速実験機

アメリカ

1940年代中頃、空の主役はプロペラを回して飛ぶレシプロ機であり、ジェット機は技術的に未成熟で、まだ実用化に向けて改良している段階だった。1945年3月、終戦の約5ヶ月前、米陸軍航空隊は次世代の空の支配を狙って、本格的な超音速実験機を航空機メーカー・**ベル社に発注**、これを受けて作られたのがXS‐1、後の**X‐1超音速実験機**である。

X‐1は**人類初の有人超音速飛行を目指した機体**だったが、当時の未熟なジェットエンジンでは推力が期待できないため、**強力なXLR11ロケットエンジンを搭載**した。問題は機体デザインである。当時は超音速機のデータは皆無であり、デザインの正解がわからなかった。そこで、これなら超音速でも安定して飛びそうだと、**銃の弾丸に似せた機体**にしている。

XLR11は燃料が300秒分しかもたないため、地上から離陸するのは諦め、B‐29爆撃機改造の母機から空中発射されることになった。X‐1の機体は最大18Gの加速度にも耐えられる頑丈なものだった。これは超音速ではどんな影響が出るか不明だったため、強度にゆとりを持たせたためだが、**人間は9Gが限界なのでゆとりがありすぎ**とも言える。

この栄光の機体の操縦手に選ばれたのが、かの有名な**チャック・イェーガー**である。のち

［ベルX-1　DATA］【初飛行】1946年　【全長】9.42m　【全幅】8.53m　【最高速度】マッハ1.45（初期型）　【乗員】1名

に〝最速の男〟として名を馳せることになるイェーガーだが、記録挑戦に際してちょっとした事件を起こしている。

記録挑戦の前日（2日前という記述も）、イェーガーは**乗馬中に誤って落馬、肋骨を折ってしまう**。操縦に支障はないものの、体をひねると激痛が走る。これでは機体のハッチを閉じられない。だが、ケガを正直に申告したらテストパイロットから降ろされてしまうだろう。同僚にこっそり相談すると**モップの柄でハッチを引っ掛けて閉じる**というアイデアを得てなんとか機体に乗り込めた。実験は無事に成功、この時の速度は**マッハ1・06**だった。

ちなみに愛妻家でもあったイェーガーは、この機体に妻グレニスの名をとって**「グラマラス・グレニス」**と命名していた。

特殊飛行機 No.004

【音速を破れなかった短剣】

ダグラスX・3スティレット

アメリカ

　1947年、**X・1に乗ったチャック・イェーガー**によって、ついに**人類は音速を超えることに成功**した。だが、X・1はあくまで**「記録とデータ採取のためだけの機体」**であり、発進に母機が必要であったり、燃料がすぐに尽きるロケットエンジンを使用しているなど、民間はおろか戦闘機としてもそのまま使えるものではなかった。もちろん、そのことはアメリカ空軍は百も承知であり、**より実用段階に近い超音速ジェット実験機の開発計画**をすでにスタートさせていた。

　この新型機は終戦直前の1945年6月に計画が承認され、1951年には1号機が早くも完成している。この機体は**ウエスティングハウス社製J34エンジン**を2発搭載した双発機だったが、現在のような高性能コンピュータのない当時、複雑な空気の流れをシミュレートしながら機体をデザインすることはできなかった。そのため、とにかく空気抵抗をなくさねばならず、機体は細く、翼は薄くするしかなかった。

　そのため**完成した機体は非常に鋭く細長く、翼はまるで刃物のように薄かった**。強烈な風圧がかかる事が予想され、操縦席にそれまでのレシプロ戦闘機のようなキャノピーを取り付

[X-3 DATA]【初飛行】1952年 【全長】20.35m 【全幅】6.91m 【最高速度】1,136km/h 【乗員】1名

けることはできず、窓は機体に埋め込まれ、**緊急脱出時は床が開いて座席ごと操縦手を下に射ち出す構造**になっていた。奇妙な構造だが、この下から乗り込む構造のおかげで、乗り込むのに梯子が不要だった。

この機体は**X‐3"スティレット(短剣)"**と命名され、さっそく試験が開始された。しかし、その未来的外観と裏腹に、まだ技術が未成熟のジェットエンジンのパワー不足は深刻を極め、**ついに水平飛行では一度も音速を超えることはできなかった**。音速を超えるにはダイブしながら加速する必要があったという。見切りをつけた空軍は計画されていた2号機をキャンセルし、X‐3を**NACA(NASAの前身)**に移管、そこで高速飛行の試験に使われた後、最終的には博物館に収蔵されている。

特殊飛行機 NO.005

【誰よりも速く駆け昇れ！】

SO・9000トリダン

フランス

戦後、イギリスやアメリカがそうであるように、フランスもまた独自の戦闘機開発を進めていた。そして、1950年代、航空機のさらなる高速化、高性能化とともに、フランス空軍は**ある問題を解決する必要に迫られる**。これは各国共通の問題でもあるのだが、**敵の高速爆撃機**が飛来した際に、敵が国土の上空に到達する前に緊急発進し、なおかつ敵を迎撃できる高度まで急上昇可能な**要撃機**が必要となったのである。

これは敵爆撃機が高速で高空を飛行し、なおかつ核爆弾を装備している可能性が高いためで、戦闘機の上昇に時間がかかってしまったら取り返しのつかないことになる。そこでフランス空軍は、国営航空機メーカーの**シュド・ウェスト**にとにかく**高空までぶっ飛ばせる高速要撃機**を発注、これに答えて試作されたのが**SO・9000〝トリダン（三叉槍）〟**である。

その名の通り、トリダンは3つのエンジンを持っていた。左右の翼の先にはジェットエンジンが、そして胴体後部にはロケットエンジンが積まれていた。つまり**ジェットエンジンとロケットエンジンを兼ね備えた混合動力方式**がとられていたのである。この2種類のエンジンがあればいかにもぶっ飛んでいきそうであるが、現実はそうはいかなかった。トリダンは

[SO9000トリダン　DATA]【初飛行】1953年　【全長】14m　【全幅】8.15m　【最高速度】マッハ1.63　【乗員】1名

マイナーチェンジされたトリダン2とともに、少しずつ細部の異なる12機の試作機が発注され、テストされた。

しかし、飛行試験時にジェットエンジンの出力が不足して高度が取れず**鉄塔に引っかかって墜落したり、航空ショーでの展示飛行中に空中爆発を起こす**など、事故や着陸に失敗して失われる機体が続出。扱いが厄介な混合動力戦闘機よりも性能面で優れていた**ミラージュ戦闘機**の開発に成功したことや、**ミサイルの性能が向上**して、無理やり戦闘機を打ち上げるような真似をする必要がないと見なされるようになったことから、**トリダンの開発は中止**されてしまう。12機発注されたトリダンだが、どうやら発注も取り消され、8機しか生産されなかった模様である。

特殊飛行機 NO.006

【苦し紛れかナイスアイデアか】

WS・110A初期案型爆撃機

アメリカ

冷戦時の西側諸国ではソビエトが超音速爆撃機を装備し、その核攻撃に味方の迎撃が追いつかないことを恐れて超音速要撃機を試作していたが、**超音速爆撃機の研究**も行っていた。

１９５０年代、アメリカでは最新鋭の戦略爆撃機として**Ｂ・52**が配備されつつあった。Ｂ・52は元々**大型の核爆弾を積むことを前提に設計**された巨人機だが、最高速度が音速を超えられず、ソビエト領内に突入すれば**返り討ちにあう危険があった**。それはＢ・52の設計段階からすでにわかっていたことであり、アメリカ軍はすでに、メーカーに要求するための超音速爆撃機の仕様**ＷＳ・１１０Ａ**をまとめていた。それは戦闘行動半径７４００キロ、巡航で亜音速、最大速度マッハ１・５からマッハ２まで出せて核爆弾を搭載できる爆撃機であった。

しかし、これはかなりの難題、というより**当時の技術ではほとんど不可能な要求**だった。飛行機というのは**「長距離を飛ぶ」機体**と**「速く飛ぶ」機体**では**特徴が相反するもの**である。長距離を亜音速で飛ぶなら、細く長い翼を持つ方が抗力の割に揚力が大きく燃料搭載量に対する燃料の消費が抑えられる。反対に超音速で飛ぶ機体は抗力が少ない小さな翼の方がいい。

奇しくも、この計画に名乗りを上げたボーイングとノースアメリカンの2社は、**全く同じ**

[WS-110A初期案型爆撃機　DATA]【開発】1955～1956年（※計画のみで終了）

アイデアでこの矛盾を解決することを思いついた。亜音速で長距離を飛び、敵国上空でのみ超音速で飛行するのなら、**翼の短い爆撃機を作って、その翼端に使い捨ての細長い翼をくっつけておけばよい**のではないか。こうして2社が提案したのが、敵国上空に着くまでは翼の両端に燃料タンク付きグライダーを固定して長距離飛行し、敵の迎撃をかわすために超音速飛行に入る際はこれを投棄して加速する爆撃機である。

いいアイデアとも思えたが、結局、実現はしなかった。空軍のカーチス・ルメイ将軍に**「これは飛行機ではない。3機編隊だ！」**と計画案を突き返され、**ペーパープランに終わった**からだ。

ちなみにWS‐110Aは後に、史上最も美しい爆撃機と言われたXB‐70となる。

特殊飛行機
NO.007

【悲劇の乙女騎士】
ノースアメリカン XB・70

アメリカ

ソビエトを核攻撃できる**超音速核爆撃機「WS・110A」**で、アメリカ空軍の**カーチス・ルメイ将軍を怒らせたノースアメリカン**。技術者たちはそれに代わる新しい機体のアイデアを求めて、航空力学に関する最新の論文を読み漁っていた。そんな中、ある論文に行き当たる。**「エッガースとサイヴァーストン論文」**と呼ばれるその論文によると、胴体先端で発生した衝撃波を機体下部に流すことで機体を持ち上げ、超音速で巡行することも可能な飛行機を作ることができるという。

ノースアメリカンはこの理論に従ったという、新しいデザインの航空機をプレゼン。空軍の了解を得ると、試作機の製作に着手した。後の関係者のインタビューによると論文を取り入れたのはあくまで宣伝用の方便で、**実際はあまり参考にしなかった**とも言われている。

ともかく**試作爆撃機XB・70**は息をのむような美しい、未来的で純白の飛行機となり、愛称は**〝ヴァルキリー（北欧神話の戦乙女）〟**と命名された。後ろ側から見ると薄い機体内に並べられた6発ものジェットエンジンの噴射口が見え、**まるでSFに登場する宇宙船**のようである。翼の可変からエンジンの空気取り入れ口まで、あらゆる部分に斬新なアイデアが詰

[XB-70 DATA]【初飛行】1964年 【全長】57.61m 【全幅】32m 【最高速度】3,275km/h（高高度）【乗員】2名

め込まれていた。

2名の乗員の座席は緊急時にはそれぞれ脱出カプセルに収まり、サバイバル道具共々機外に脱出するシステムだった。

しかし、最新鋭なはずのXB‐70は試作機2機が完成した時には、**すでに不採用が決定**していた。有人の爆撃機よりミサイルの方が効率的で確実とされたためである。

また、**試作二号機が戦闘機との衝突事故を起こす**という悲劇にも見舞われた。**ぶつかった戦闘機の操縦手は即死**し、XB‐70の二人の乗員のうち一人はカプセルに乗れずに**墜落死**、もう一人はカプセルの着地用エアバッグが膨らまず、**着地の衝撃で重傷を負った**。残された1号機は細々と試験を続けたが、もはや採用の芽はなく、そのまま博物館に収容されている。

特殊飛行機 NO.008

【世界初の可変翼機】

ベルX-5可変翼機

アメリカ

１９４５年４月、ドイツに進駐したアメリカ軍は、ドイツ軍の兵器研究施設で未完成の奇妙な飛行機を発見する。**メッサーシュミットMe P・1101**である。この機体はジェットエンジンを搭載した戦闘機の試作機だが、特徴的なのは主翼の後退角度を変更できる**可変機構を備えていた**点だ。飛行機の主翼は後退角がついているほど、速度を出した時に衝撃波の悪影響を受けにくい。ただし、速度を出していない時は後退角がない方が飛びやすいのである。もし**主翼の角度が自在に変えられたら、どの速度域でも高性能になる**というわけだ。

P・１１０１は関係書類とともにアメリカに運ばれ、航空機メーカーのベル社で分析された。そして１９４９年、P・１１０１の設計を元に新型実験機が作られることになり、**可変翼実験機X・5**が完成する。

X-５の外見は、**ほぼP・1101そのもの**だった。ある意味でドイツが設計したものをアメリカが完成させたとも言える。X-５は主翼の後退角を**飛行中に20度から60度まで変化させる機構**を持っていた。これは世界初の可変翼機の誕生であった。後退角の変化によってバランスの中心位置が変化してしまうと操縦に支障が出るので、角度の変更に伴って主翼の

[ベルX-5　DATA]【初飛行】1951年　【全長】10.16m　【全幅】5.67m（主翼の最大後退角時）【最高速度】1,134km/h　【乗員】1名

支点が前後に移動して補正する構造になっていた。X-5は実験機としては成功し、のちの**B-1爆撃機やF-14トムキャット戦闘機などアメリカの可変翼軍用機**を生み出す原点となった。

しかし、**現在では可変翼機はほとんど作られていない**。航空機の技術がより進歩し、コンピュータで気流の流れをシミュレートして設計した、より洗練された機体や大馬力のエンジンを用いて十分な性能を引き出せるため、作動してない時には錘にしかならない**可変機構の制御装置を積んだり、複雑な構造ゆえのコスト高を甘受する必要がなくなった**のである。

X-5は2機作られたが2号機は事故で失われ、1号機は国立アメリカ空軍博物館に展示されている。

特殊飛行機 NO.009

【空飛ぶ円盤浮上せず】

プロジェクトY2とシルバーバグ

アメリカ

１９４７年６月、アメリカの実業家**ケネス・アーノルド**が、レーニア山上空を飛行中に**９個の謎の飛行物体を目撃**、これが近代的なＵＦＯ目撃の最初の例となりアメリカに大ＵＦＯブームが巻き起こる。奇しくも同じ年の６月、飛行機の設計技師ジョン・Ｃ・Ｍ・フロスト、通称**〝ジャック〟フロスト**がカナダの航空機メーカー、**アブロ・カナダ社**に移籍してくる。

先進的な航空機の計画立案を任されたフロストは、ＵＦＯは何者かが秘密裏に製造している新型飛行機ではないかと考えていたようで、自分たちでも作ってみようと、１９５２年、新型垂直離着陸機を提案する。これは**プロジェクトＹ**と呼ばれ、サーフボードを切断したようなゆるい三角形の航空機で、翼端に開いたスリットから排気ガスを噴射して離陸する構想だった。

このアイデアを発展させるうち、機体デザインは完全に円盤型となる。これは**プロジェクトＹ２**と呼ばれ、全周にわたって吸気口と排気口があり、内部のジェットエンジンを稼働させて飛行する構想だった。計画上の最高速度は、何と**時速４８００キロ**と見積もられていた。しかし、このアイデアはあまりに突飛すぎ、イギリスに売り込んだが相手にされなかった。

シルバーバグの完成予想図

[シルバーバグ DATA]【開発】1954年頃（※計画のみ）【直径】10.75m（計画値）

しかし、ここでアメリカ空軍が興味を示す。核攻撃で飛行場が破壊されても、シェルターで守られた基地から垂直離陸して飛行する戦闘機が欲しかったのだ。Y2にアメリカ軍も出資し、アメリカの秘密計画**「プロジェクト1794」**となる。プロジェクト1794で研究されていた機体はまさにSFに出てくるUFOそのものの姿をしており**「シルバーバグ」**と呼ばれていた。

しかし、シルバーバグは飛ばなかった。理由は単純で、超音速飛行をさせた場合には、**普通のジェット機の方が優れていた**のである。この時代、ジェット機は日進月歩の進化を見せており、何もこのような突飛な機体を作る必要はなかったのだ。結局シルバーバグはごく初歩の試作品しか作られなかったようである。

特殊飛行機
NO.010

【悲劇に終わったコレクターの夢】

ポンドレーサー

アメリカ

アメリカで毎年開催される**「リノ・エアレース」**は、楕円形のコースをより速く飛ぶことを競う飛行機レースである。このレースを愛する飛行機マニアのひとりに、元軍のパイロットで実業家の**ボブ・ポンド**がいた。

ポンドはリノ・エアレースについて心を痛めていることがあった。1964年にエアレースが始まった頃、高速の機体といえば戦闘機であった。そのためレースにはP-51ムスタングのような払い下げの高速戦闘機ばかりが出場するようになるのだが、それはいわば、壊れても替えが効かない**ビンテージ品を消耗品扱いしているようなもの**だった。実際、何機もの貴重な機体が事故で失われている。

このままでは貴重な歴史的遺産が全滅してしまう。危機感を覚えたポンドは、**スケールド・コンポジッツ社**の**バート・ルータン**に依頼し、**最新技術をふんだんに使った最速のエアレーサーを開発**する。その機体が強ければ、飛行機野郎も新しい機体に乗り換えてくれるはずだ。

これが**「スケールド・コンポジッツ　モデル158」**であり、ポンドの名を冠してポンドレーサーと呼ばれた。だが、その高い志とは裏腹に、**ポンドレーサーは低迷**した。バート・

『Air & Space Magazine』より
［ポンドレーサー　DATA］【初飛行】1991年　【全長】6.1m　【全幅】7.74m　【最高速度】644km/h　【乗員】1名

ルータンには**機体を斬新にしすぎる悪癖**があり、三胴で双発という奇妙な機体はケプラーや炭素繊維でできており非常に軽量だったが、**性能が未知数でエンジンに問題があった**のだ。

この機体には**日産の乗用車用エンジンを無理やりチューンしたもの**を搭載していたが、航空機のように常時全力回転で使用するには無理があり、冷却やオイル漏れが発生した。それらの問題をだましだまし運用し、1992年にはリック・ブリッカートの操縦によって**ブロンズクラス（成績の低い組）2位**となっている。しかし1993年、リックの操縦中にエンジントラブルが発生、不時着を試みたが失敗し墜落。**リック・ブリッカートは死亡**し、ポンドレーサーも二度と復活することはなかった。

特殊飛行機
NO.011

【金切り声の高速プロペラ機】
リパブリックXF・84H

アメリカ

アメリカ軍の冷戦初期の代表的な戦闘機の一つがリパブリック社の**F・84サンダージェット**である。サンダージェットはより性能を向上させるために主翼を後退翼に変えたF・84Fサンダーストリークに発展を遂げる。

１９５０年代半ば、このサンダーストリークの機体を改造して**音速で飛行できるプロペラ機**の実験機が作られる。ジェット機は速度は速いが燃費が悪いなど問題もあり、一部の爆撃機や輸送機で使われているジェットエンジンから取り出した回転力で大型のプロペラを回すことで、より少ない燃料消費で飛行できるターボプロップエンジンを用いて音速飛行ができないか、実験機を作って確かめることにしたのである。

この機体は**XF・84H**と命名され早速試験が行われたが、その予想外の特徴が関係者を驚愕させた。**あり得ないほど騒音が大きかった**のである。地上でエンジンテストをした際の騒音はなんと**40キロ離れていても聞こえた**ほどで、機体のすぐそばにいた整備員への影響も酷く、XF・84Hの発する騒音とノイズと振動で**頭痛と吐き気を訴える者が続出**。あまりの騒音に無線の声がまるで聞こえず、管制塔の業務に支障をきたし、光信号で通信したという話

[リパブリックXF-84H DATA]【初飛行】1955年 【全長】15.67m 【全幅】10.18m 【最高速度】837km/h【乗員】1名

までである。**ほとんど音響兵器**のような有様だが、プロペラの外側部分が回転時に**音速を超え、衝撃波を出していた**のが原因らしく、地上の精密機器の破損を心配しなければならないほどの振動だったそうだ。

この無茶苦茶な特徴から、リパブリック社戦闘機の伝統的な名称であるサンダーに「金切り声」を意味するスクリーチを組み合わせて**〝サンダースクリーチ〟**というあだ名がつけられた。その後、一応飛行自体は可能で飛行試験も行われたが、やはり機体も振動が酷く、**安定性に欠け真っ直ぐ飛べない**など性能自体も今ひとつだった上、結局肝心の音速飛行も達成できなかった。

しかしプロペラ機としては歴史上でも最速の部類に属する**時速837キロに到達**。最速のプロペラ機の一つと言える。

特殊飛行機 NO.012

【「奇跡」を起こした木造機】

デ・ハビランド モスキート

イギリス

第二次大戦時、ナチスドイツとの戦いを決意したイギリスであったが、そのイギリスには一つの気がかりなことがあった。島国であるイギリスは資源の多くを輸入に頼っており、潜水艦によって**海上を封鎖されるとあっという間に資源が欠乏**してしまうのである。

そこで航空機メーカーの**デ・ハビランド社**は省資源化を狙って**全木製の爆撃機**の開発を始める。全金属製の軍用機が当たり前になっていた当時、第一次大戦時のような木製爆撃機などあまりに時代遅れであり、**イギリス空軍ははなから相手にしていなかった**ようである。

ところが試験で飛ばしてみたところ、なんと**時速600キロを優に超える高速力を発揮**したのである。これは当時イギリスが実戦配備していた戦闘機より速かった。この意味のわからない事態に空軍省は困惑したと思われるが、事実として高性能であることは認めるしかなく、**高速爆撃機モスキートとして制式採用**された。

速さの秘密はデ・ハビランドのデザインが優れていたことや、木製なので表面をなめらかに加工できたことなどであった。また、軍需品を生産できず休業状態だった木工職人とその工場が兵器生産に使えることもメリットだった。

［デ・ハビランド　モスキート　DATA］【初飛行】1940年　【全長】13.57m　【全幅】16.52m　【最高速度】668km/h（爆撃機型）　【乗員】2名

モスキートは速いだけでなく運動性能にも優れており、味方の爆撃機隊に目標を指示する**パスファインダー任務**のほか、**精密爆撃任務**にも使用された。特に有名なのは**「ジェリコー作戦」**で、ドイツ軍のアミアン刑務所（フランス）に収容された捕虜を救うため、**刑務所の壁と看守宿舎を爆撃**し、捕虜になっていたフランスのレジスタンスを脱出させるのに成功している。

モスキートは元々敵戦闘機を振り切れるほどの高速のため、特殊な構造をとる必要がなかった。そのため様々な任務に対応でき、**爆撃機**、**偵察機**、**夜間戦闘機**などあらゆる仕事をこなした。まったく期待されていなかったモスキートだが、実力で存在意義を証明したのだ。イギリス人はモスキートを**「木造の奇跡」と呼んで称えた**という。

特殊飛行機 NO.013

【異形の高速爆撃機が飛ぶ】

ダグラス XB-42

アメリカ

1940年代初め、第二次世界大戦の頃、アメリカの航空機メーカーである**ダグラスエアクラフト**では、**新型爆撃機の研究**が行われていた。

大戦によって航空先進国は航空機の研究に邁進せざるを得なくなり、結果として航空機は急激な進化を遂げていた。大戦の当初は羽布張りの複葉機が飛んでいたのが、大戦後期にはジェット戦闘機や弾道ミサイルが使われていたのである。この時代の流れに追いつかなければライバル会社に仕事を取られてしまう。航空機メーカーもまた、地道な戦いを繰り広げていたのだ。

そのためダグラスでは、軍から要求が出ているわけではない機体を**自主的に研究開発**していた。後に軍からも研究が認められ、この試作爆撃機には**XB-42**のナンバーが与えられる。

XB-42は新しい高速爆撃機として開発されており、その姿はかなり独特のものだった。最大の特徴は**胴体の後端部に二重反転プロペラがあること**である。これは2発のエンジンを翼に取り付けることにより発生する空気抵抗を嫌い、エンジンを機体内部に搭載したためで、それぞれのエンジンがそれぞれのプロペラを回す構造だった。この構造により最高速度

[XB-42 DATA]【初飛行】1944年 【全長】16.36m 【全幅】21.49m 【最高速度】660km/h 【乗員】3名

は**時速660キロ**に達し、同時代の中型爆撃機を大きく上回っていた。尾翼が十字型をしているのも特徴で、離着陸時にプロペラ先端が直接接地して破損するのを防ぐ意図もあったようである。

しかし、XB‐42が活躍する機会はなかった。初飛行に成功した1944年には**すでに連合軍優勢**で、新型の高速爆撃機が必要な局面ではなくなっていた。また、**ジェット機の時代も目前**だったため、XB‐42のような奇矯なエンジンの積み方を研究する必要もなかった。XB‐42も試作機のうち一機がジェット爆撃機に改造され、テストされている。

XB‐42自体は結局採用されなかったが、ダグラスは戦後も**旅客機からロケットまで幅広く製造**し活躍している。

特殊飛行機
NO.014

【先走りすぎた弾丸】

ノースロップXP・56

アメリカ

第二次大戦が始まった1939年、アメリカ陸軍は戦闘機の速度限界を突破できる次世代機を要求し、これに応えた**ノースロップ社がまったく新しい戦闘機のアイデアを提出**する。

それは当時としては、**新しさの塊**だった。何しろ機体形状もエンジンも、機体を構成する素材もすべてが新しいことずくめだったのである。

その**新鋭機XP・56**は弾丸型の胴体を持ち、その中心付近から大きな主翼が伸びている。垂直尾翼は上よりもむしろ下向きに長く伸びており、胴体後端に巨大な二重反転プロペラが取り付けられていた。水平尾翼はなく、主翼がそれを兼ねる一種の無尾翼機だった。

機体がマグネシウム合金で作られていたが、これは通常飛行機の製造に使われるアルミニウムが戦争によって欠乏する可能性を考慮していたようである。

この未来的な機体を飛ばすために選ばれたのが、最新型の2000馬力級液冷エンジン**「プラット&ホイットニー　X・1800」**だった。計画上は時速700キロを超える高速戦闘機になるとみられており、**〝ブラックバレット（黒い弾丸）〟**との愛称もつけられていた。

X・1800エンジンは当時最新鋭のエンジンで、**最新鋭すぎてまだ開発中**だった。が、

[XP-56 DATA]【初飛行】1943年 【全長】8.38m 【全幅】12.96m 【最高速度】749km/h 【乗員】1名

そこで思わぬ事態に直面する。この期待のエンジンが予定の性能を出すことができず、**なんと開発中止になった**のだ。

突然心臓部を失ったXP-56は、止むを得ず星型空冷エンジンの**「R-2800」**を搭載することになる。

しかし、R-2800は無骨なF6Fへルキャットなどの重戦闘機の機首に取り付ける大口径エンジンであり、細長い液冷エンジンを載せる予定のXP-56にはそのままでは積めなかった。結局、**機体を太くすることで搭載**したが、予定よりも機体が重くなったこともあって、**テストではトラブルが続出**。試作1号機は滑走中に転倒して大破、失われてしまう。垂直尾翼等を改良した2号機も不調続きで、**1946年には完全に計画は終了**してしまったのである。

特殊飛行機 NO.015

【最速の空中一輪車】

バルティーニ スターリ6

ソビエト

イタリアの航空機設計士で社会主義信奉者の**ロベルト・バルティーニ**は、１９２２年、イタリアでのファシスト台頭を避けてソビエトに亡命してきていた。ソビエトは科学技術や公平さをアピールしたかったのだろうか、バルティーニは技術者として厚遇を受け、すぐに研究所で自分のチームを持てるまでになる。

バルティーニが当時（１９３０年頃）研究していたのが鋼管と鋼板を材料とした**金属製の試作戦闘機「スターリ6」**だった。スターリとは鋼鉄を意味する言葉である。木のフレームに布を張った旧式機と違いワイヤーで引っ張って固定する必要がないため、ワイヤーが無駄な空気抵抗を生む心配がなかった。

だが、バルティーニが鋼鉄にこだわった最大の理由は、鋼鉄製の翼そのものを冷却装置とし、**エンジンの冷却液を主翼に循環させることで冷やしてしまおう**という案のためだった。このアイデアがうまくいけば、当時の航空機の大きな空気抵抗の発生源である、機外に突き出した冷却装置が不要になる。バルティーニが目指したのは、一切の凹凸を排した滑らかで美しく、しかも速い機体だった。だが、情熱が行きすぎたせいか、スターリ６は**全体のバラ

［スターリ6　DATA］【初飛行】1933年　【全長】6.88m　【全幅】9m　【最高速度】420km/h　【乗員】1名

ンスがおかしい飛行機になってしまった。

引き込み式の着陸脚は、なんと胴体に沿って一つしかない。まるで一輪車である。このままでは横に倒れてしまうので、翼からは細い橇《そり》（スキッド）が突き出して機体を支えていた。**この構造にした理由はよくわからない**。操縦席のキャノピーが機体から突き出ていないため、**ほとんど横しか見えない**という無茶な欠点も持っていた。

速度こそ当時のソ連機最速の時速420キロを達成したが、冷却装置はうまく働かずエンジンは蒸気を噴いていたといい、**結局、改良型の開発までキャンセル**されてしまった。ちなみに斬新な機体の設計に明け暮れたバルティーニは、実験機の事故を意図的なサボタージュと決めつけられて、**投獄されることになる**のである。

特殊飛行機 NO.016

【最速の〝ミサイル発射装置〟】
リパブリック XF・103

アメリカ

第二次大戦が終わり、米ソの冷戦が始まるとアメリカはひとつ懸念を抱く。それは、ソビエトが**超音速核爆撃機を持つのではないか**という可能性である。もしソビエトが超音速爆撃機を完成させてしまったら、味方の迎撃が間に合わず、好き放題爆撃されてしまう。

アメリカ空軍は、敵の接近を探知すると即座に緊急発進し、一気に上空に駆け上ってミサイルで迎撃する超音速迎撃機の仕様を各メーカーに提示、コンベア、ロッキード、ノースアメリカンなどそうそうたるメーカーがこれに応募したが、その中に**リパブリック社**があった。

リパブリック社の提案した**XF・103**は、**未来を先取りしたような斬新な機体**だった。速度は**マッハ3を想定**しており、**実現すれば世界最速**だった。その動力部分は複雑で、通常のジェットエンジンを胴体後部に持つが、**そのさらに後ろにラムジェットエンジン**があった。通常はジェットエンジンで飛行するが、**対気速度がマッハ2・25を超えると空気の流入ルートが変わり、ラムジェットエンジンに吹き込む**構造になっていた。ラムジェットエンジンには圧縮機がないので、超音速飛行時の圧縮機の耐熱性の心配をする必要がないのだ。

何よりもＸＦ－１０３最大の特徴は、極限まで空気抵抗をなくすため、外を見るキャノ

［リパブリック　XF-103　DATA］【実物大模型公表】1953年　【全長】24.7m　【全幅】10.9m　【最高速度】マッハ3（計画値）【乗員】1名

ピーをなくし、**操縦席からは周囲がほとんど見えない**というデザインにしたことである。一応胴体側面に窓はあるが、明かりとりみたいなもので空戦にも離着陸にもあまり使えない。その代わり**離着陸時のための潜望鏡**がついていた。

ＸＦ－１０３はとにかく速く上空に駆け上り、管制塔の指示とレーダー画面に注視しながら、指示された目標にミサイルを撃つことだけに特化した機体で、**どうせマッハ３の世界では人間の視力で発見したものなど一瞬で通り過ぎる**ので、大きなキャノピーをつけても意味がない、というある種の合理的判断だったようである。

結局のところ、ＸＦ－１０３のあまりに極端な設計は現実的ではなく、実物大模型を作ったところで計画は終了している。

特殊飛行機
No.017

【核戦争、最後の出撃】
ZELLゼロ距離射出計画

アメリカ

1950年代、アメリカは多数の垂直離着陸機の実験機を製作しているが、垂直離着陸機を求めた切実な理由の一つが、**核攻撃で航空基地が破壊される可能性**である。広大で、しかも遮蔽物があってはならない飛行場を防御したり存在を隠蔽するのは事実上不可能で、滑走路が使えなくなると飛行機も飛び立てず、ただの広場になってしまう。アメリカ軍は飛行場がなくても飛べる垂直離着陸機を欲しがったのだが、簡単に作ることはできなかった。

そこで考え出されたのが、ジェット機にロケットブースターを取り付け、滑走なしでミサイルのように打ち上げる**「ZELL計画」**である。本来はまさにミサイルを発射するシステムだったが、有事の際は**核爆弾を搭載した攻撃機を打ち上げ、反撃を行う**というのだ。これなら滑走路も不要で飛行場も必要ない。戦闘機にロケットを取り付けて打ち上げ、燃料が燃え尽きたらロケットを切り離すという**スペースシャトルばりのやり方**だったが、実際に試験すると意外にもトラブルはなく、テストパイロットも問題なく発進できると太鼓判を押した。

問題は着陸である。実験では使い捨てで無人の戦闘機を飛ばした後、数回有人機を飛ばしたが、この時は普通に飛行して基地に着陸している。だが、本来は**基地の滑走路がない前提**

[ZELL計画　DATA]【実験開始】1953年（写真はゼロ距離発射を行うF-100D）

のシステムである。回収手段がない場合は操縦手はパラシュートで脱出し、**高価な戦闘機や攻撃機を一回限りの使い捨て**にしなければならない。

この時考えられた回収手段が、**地上に約120メートルの空気で膨らむ巨大なゴムマットを展開**し、その上に帰還してきた飛行機を胴体着陸させる方法だった。いかにも理にかなった方法に見えたが、実際に実験してみるとこちらの方は散々で、マットを切り裂いてしまったり、極端な急減速で負傷者が出たりで、実験は中止されてしまった。

そうこうするうちに**大陸間弾道ミサイルが実用化**され、有人の戦闘機を無理やり打ち上げる必要がなくなる。結局ZELL計画はあっさり終了してしまった。

特殊飛行機
NO.018

ハインケルHe119高速爆撃機

【速さへのこだわりの結末】

ドイツ

第二次世界大戦直前の1936年、軍備増強を進めるナチスドイツは次々と高性能な戦闘機、爆撃機を配備していた。ドイツの航空機**メーカー・ハインケル社**は、これまでにない高速の爆撃機を開発し、一気に制式採用を勝ち取ろうと開発を始める。

とはいえ、そう簡単に高速爆撃機を作れるものではなかった。爆撃機というからには当然ある程度の爆弾搭載量がなければならない。それにはエンジンを1発しか載せない単発機より、2発載せた双発機の方がパワーで勝り都合がいい。しかし双発では翼に取り付けるエンジンが**馬鹿にならない空気抵抗を生んでしまう**のである。

空気抵抗を減らすには双発機でありながら単発機のように機首にプロペラを設け、操縦席のキャノピーなども含めて突き出しをなくさなければならない。通常であればこれらは構造的に不可能に思われたが、**スピードに対するハインケル社の技師の執念はすさまじく**、これらの問題を解決した**爆撃機He119**を完成させてしまう。

まず**2発のエンジンは連結させて胴体の中心部に設置**、1つの軸を一緒に回すようにした。これで2倍のパワーで大型プロペラを回せる。機首には操縦席がある。どのように操縦

［ハインケル He119 DATA］ 【初飛行】1936年 【全長】14.8m 【全幅】16m 【最高速度】620km/h 【乗員】3名

席を回避してプロペラ軸をエンジンまで通すのか。

答えは簡単だった。回避なんかせず、**操縦席のど真ん中を思い切りプロペラの軸が貫通しているのである**。2名の乗員はそれぞれプロペラ軸の右と左に座る構造になっていた。当然機首部分は窓ガラスなので、この内部機構は外から丸見えで、まるで**博物館の解説用カットモデル**のようであった。

珍妙な機体だが速さは本物で最高速度時速600キロに到達。時速4～500キロ程度だった**同時代の戦闘機を軽くぶっちぎるとんでもない高速機**だった。

しかし、そんなHe119も結局は採用されなかった。そのひねくれた構造のせいで信頼性に欠けたからだ。**速さを追い求めたあまり不採用になる**。皮肉な機体である。

特殊飛行機
NO.019

【最速のヘリコプター】

シコルスキーS-97レイダー

アメリカ

飛行機は原理上、**遅く飛ぶのが苦手な乗り物**である。高速の気流を翼の表面に常に流さないと揚力が発生しないためで、これを翼を回転させることで解決したのがヘリコプターである。しかし、それゆえにヘリコプターには**高速で飛べない**という別の問題が発生した。

ヘリコプターで速度を出すと、進行方向に向かう側の回転翼の先端が「回転の速度＋機体の速度」で音速を超え、反対側の先端は「回転の速度－機体の速度」で対気速度が遅すぎるということになり機能しなくなるのである。そのためヘリコプターの最高速度は、機械的な性能の限界ではなく**「超過禁止速度」によって規制**されている。現在のヘリコプターの速度はせいぜい時速２００～３００キロで、**最新機種でも80年前の複葉機と大差ない**。

これはヘリコプターの原理的な欠点だが、解決方法がないわけではなかった。理屈で言えばそれぞれ**逆方向に回転するローターを2基**つけ、**回転するローターを細かくコントロール**できれば機体の左右でバランスが崩れるということはなくなる。また、2基をそれぞれ逆回転させれば、回転の反動で機体も回転してしまう**カウンタートルクも防げる**。

こうして２０１５年にヘリコプターの名門、アメリカの**シコルスキー社**が開発したのが**S**

Lockheed Martin社の公式Flickerより

［シコルスキー S-97レイダー　DATA］【初飛行】2015年　【全長】10.9m　【ローター直径】10.3m　【最高速度】407km/h　【乗員】2名+兵員6名

-97レイダー偵察ヘリである。レイダーは2基でひと組の二重反転ローターを持ち、このローターは通常のヘリのものより硬くて短く、それぞれが回転中に機体の左側にあるときと右側にある時で**迎え角を高速で変更**することで、機体の揚力バランスが崩れるのを防いでいる。また、カウンタートルクがなく通常のヘリなら尾部についているテールローターが不要で、そのために尾部に**推進用プロペラ**を付けることができた。

この構造のおかげで**巡航速度時速407キロ**に達し、**通常のヘリと比べて200キロ近くも速い**。レイダーは高速の偵察ヘリであり、**乗員とは別に6名の人員を輸送**する能力もある。まだ実証機が飛んだ段階であり採用はこれからだが、米軍はすでに関心を示しているようである。

特殊飛行機
No.020

【鳥人になった男】
イブ・ロッシーのジェットマン

スイス

飛行機が車や船と決定的に違う点は、単に目的地に早くつけるというだけではなく、人間が本来持つ能力では絶対に踏み込めない場所である「空」を自由に飛べるという点である。そのため、飛行機は単なる移動の手段とは異なる、**人間の夢を象徴する乗り物**でもあった。その、鳥のように翼を得て、自由に大空を舞うという夢を、文字通り翼を装着することで叶えようとした男がいる。

スイス出身のベテランパイロット、**イブ・ロッシー**である。軍隊や航空会社で様々な機体を操縦してきたロッシーは、やがて自分自身が飛行機のように飛びたいと思うようになった。１９９３年頃から人間用の翼の試作を始め、いくつもの試作品を作りながら徐々に完成度を高めて行った。

ロッシーが背負う翼**「ジェットパック」**はカーボンファイバー製で幅２・４メートル、４発の超小型ジェットエンジンを搭載し、30リットルの燃料を積んで10分間、推力を発生させることができる。地上から離陸することはできず、まずヘリで上空２０００メートルに上がり、**スカイダイビングの要領で真っ逆さまに降下**、スピードに乗ったところで上体を起こし

Jetman Dubaiの公式動画より

［ジェットマン DATA］【実用化】2006年頃【全幅】2.4m【最高速度】約300km/h

て水平飛行に移るのである。エンジンの出力は指につけたダイヤルで調整し、着陸の際はパラシュートを使用する。操縦は体を傾けるなどして行うという。

　ロッシーの翼は見事に飛行実験をやり遂げ、２００６～０８年頃にはほぼ完成の域に達し、航空ショーへの出演や第二次大戦期の爆撃機Ｂ‐17との編隊飛行、ドーバー海峡横断などの冒険飛行も次々に成功させ、**日本で富士山上空を飛んだ**こともある。

　アフリカからヨーロッパを目指した時にはチャレンジに失敗し、不時着しているが、その自分の翼にかけて挑戦し続ける姿から、ロッシーは**「ジェットマン」**と呼ばれるようになった。現在60歳近いロッシーは引退を視野に、後継者の育成に力を入れ、弟子とともに飛行するなどしている。

特殊飛行機
NO.021

【命がけのムササビの術】

ウイングスーツ

フランス

高い木が密集している森には、特殊な進化をした生き物が暮らしている。大型の捕食動物が少ない樹上は小動物にとって比較的安全であるが、木を上り下りするなど移動に手間がかかる。その手間を省くために、**滑空して木から木へと渡るように進化**した生き物がたくさんいるのである。よく知られたモモンガやムササビのほか、熱帯地方ではトカゲやヘビにまで滑空能力を持つものがいる。

これにインスピレーションを得て、漫画などに登場する忍者は布を広げて滑空する術を使うのだが、現実にはただの布で滑空するのは困難だった。1912年には、自作の翼を身につけた人物が**エッフェル塔からジャンプを試みて墜落死**している。

科学的に設計された〝翼〟が発明されたのは1990年代半ば、フランス人のスカイダイバー、**パトリック・デ・ギャルドン**によってである。その後、ブルガリアやフィンランドなどの発明家によって改良され、2000年代には現在のウイングスーツが完成している。

ウイングスーツは腕から脇と、両足の間に膜のような小さな翼を展開する。この翼は風を取り込むとパンパンに膨らみ、硬い翼のように機能するラムエアー構造になっている。地上

［ウィングスーツ　DATA］【原型機開発】1990年代後半　【最高速度】374km/h

に近づくとパラシュートを開き、着地する。

飛行にはふた通りの方法がある。飛行機から飛び降りる通常のスカイダイビングと、崖や高層ビルから飛び降りるベースジャンプである。

スカイダイビングではより高い場所からダイブできるため、より長くより遠くへ飛ぶことができる。水平距離では2012年、**日本人選手の伊藤慎一**によって**水平直線距離26・9キロ**という記録が出ている。

ベースジャンプは崖の岩肌や木々の梢ギリギリを高速ですり抜けるスリルが醍醐味で、**当然ながら危険で死亡事故が多く、死者は年間20人**に及ぶともされる。スカイダイビングを達人レベルで極めなければ始めることさえできないスポーツであり、あまり安易に挑戦しない方が良いようである。

【飛行機よもやま話1】

そもそもマッハって何？

アニメや漫画の世界では、よく速いものの代名詞として「マッハ」という言葉が使われる。しかし皆さんは、そもそもマッハとは何かをご存知だろうか。

マッハとは、大気中で物体が移動した時の、音速と物体の速度との比を表す言葉である。これを「マッハ数」という。マッハ1で音速と同じ速度である。ただし、マッハは時速のような移動の速度を表す指標ではない。音速は高度によって変化するため、移動速度の指標としてはあまり使えないのである。

ではなぜマッハ数が飛行機にとって重要なのだろうか。それは大気が機体にあたえる影響を測る指標だからである。大気中を物体が移動すると、空気が押されて波が発生する。これが「音」である。物体が音の速さに達すると、広がる前の圧縮された空気の波である「音の壁」にぶつかり、衝撃波によって最悪の場合墜落してしまう。音速を時速で算出するにはその高度での音速をいちいち確認せねばならないが、マッハ数なら高度に関係なく計測した数値を把握しておけば良い。ちなみにマッハ数はマッハ計という計器で測ることができる。

マッハというと何かかっこいい響きがあるが、超音速機として特別に設計された機体に乗っているのではない限り、マッハ1を出すのは危険なだけなのである。

第一章　珍兵器で大空を征服せよ！

特殊飛行機 NO.022

【謎の珍機「空飛ぶ衝角」】

ノースロップXP-79

アメリカ

1942年、第二次世界大戦の最中のことである。全翼機の研究で知られるアメリカの航空機メーカーの**ノースロップ社**が軍に新兵器のアイデアを提出する。

それは**全翼型の高速戦闘機**で、ロケットエンジンで急上昇し敵爆撃機に肉薄、機銃を撃ちまくったのち帰還するという、味方の拠点を防衛するための**要撃機の構想**である。これはのちにドイツ軍がロケット戦闘機Me163コメートとして配備することになる戦闘機と似たコンセプトであった。ノースロップのこの機体は、急激な加速とロケット燃料による腐食から機体構造を守るため、**マグネシウム合金製モノコック構造に厚い外板を貼り付けた頑丈なもの**で、最悪敵機にぶつかっても空中分解を起こさないと言われていた。あまりの頑丈さに**"空飛ぶ衝角"**（衝角とは帆船などの船首に付いていた体当たり用の角）というあだ名がつき**「体当たり専用機ではないか」という噂が立つ**ほどだった。

操縦席も特殊で、空気抵抗を減らすためと操縦手をG（加速度）から守るために、**操縦はうつ伏せの状態で行う**設計になっていた。この方が人体はより強いGに耐えられるのである。色々な要素が組み合わされた結果、この機体はまるでSFメカのような斬新なデザイン

[XP-79 DATA]【初飛行】1945年 【全長】4.27m 【全幅】11.58m 【最高速度】880km/h 【乗員】1名

の飛行機となった。この機体は**XP・79**として試作機が発注されたが、肝心のエンジンの開発が遅れ、結局ロケットエンジンを使うのを諦めることになる。そもそもアメリカはドイツほど要撃機の配備に切迫しておらず、ドイツがコメートにかけたほどの期待はなかったのだろう。

戦争も終わった1945年9月、ロケットエンジンの代わりに**ウェスティングハウス社製ターボジェットエンジンを搭載**した**XP・79B**がやっとのことで初飛行にこぎつけた。しかし、XP・79Bはこの初飛行において飛行中にバランスを崩し、制御不能のスピン状態に陥って墜落、テストパイロットの**ハリー・クロスビーは死亡**した。

この事故によって軍はXP・79から手を引き、計画はキャンセルされてしまった。

特殊飛行機 NO.023

チャンスヴォート XF5U

【時代に消えた空飛ぶパンケーキ】

アメリカ

第二次大戦の後半、アメリカ海軍は短距離の滑走、もしくは滑走なしに離着陸できる飛行機を欲しがっていた。海上で飛行機を運用するには空母が必要だが、空母は高価なので小規模な艦隊にもれなく配備するわけにもいかない。短距離もしくは垂直離着陸機があれば通常の艦艇に簡単な飛行甲板を設けるだけで、飛行機の運用が可能になる。ちょうどその頃、海軍に短距離離着陸機のアイデアを売り込んだ男がいる。**チャールズ・ジマーマン**である。

ジマーマンのアイデアは**極めて奇妙なもの**だった。ギターのピックを太らせたような、丸みを帯びた全翼機を大型のプロペラで飛ばそうというのである。この機体の形状は大きな揚力が発生し、ごく短距離の滑走で離陸できることが期待できた。しかし、高速で飛んだ時、翼端に発生する翼端渦のせいで大きな誘導抵抗が発生してしまう恐れもあった。その**翼端渦と逆回りの渦をプロペラの風で作って打ち消そう**というのが、ジマーマンのアイデアだった。このアイデアがうまく行けば、**揚力が大きく、抵抗の小さい機体になるはず**だった。

この理論をもとに1939年、最初に作られたのが**V・173実験機**である。当初、操縦性に問題があったV‐173だったがその後改良が加えられるとV‐173はまともに飛ぶ

[XF5U“フライング・パンケーキ”DATA]【開発開始】1944年 【契約打ち切り】1947年 【全長】8.72m 【全幅】9.9m 【乗員】1名

ようになり、なんと25ノットの向かい風があれば滑走なしで凧のように離陸できた。つまり**25ノットで進む艦艇からなら、垂直離着陸機として運用できた**わけだ。これに気を良くした海軍は1944年、**試作機XF5U**を発注、ジマーマンは製作に取り掛かった。

だが、なんと地上試験も終わり、まさにこれからという時、**契約が一方的にキャンセル**されてしまう。時代はちょうど**プロペラ機からジェット機への過渡期**にあたり、円熟期を迎えたプロペラ戦闘機は高性能で、ジェット機は前途洋々たる新技術。そのような中で、**「滑走距離が短い以外は平凡な性能のプロペラ機」**であるこの機体には**もはや活躍する場はなかった**のだ。結局、XF5Uは一度も飛ぶことはなかった。

特殊飛行機
NO.024

【謎の新兵器実験】
P・51ムスタング ラムジェット試験型

アメリカ

第二次世界大戦後期において、最優秀の戦闘機と言われたのが**P・51ムスタング**である。ムスタングは優秀な設計に高性能エンジンがかみ合い、当時、屈指の高速性能を持つ戦闘機で、ゆとりのある燃料搭載量で航続距離も長かった。特に改良が進んだ**中後期型のD型はプロペラ戦闘機の到達点**とも言える高性能機で、まだ性能的に未成熟だった初期のジェット戦闘機にも引けを取らなかったため、戦後もしばらくは実戦で使われていたほどだった。

そんなムスタングだが、**ほとんど知られていない実験に参加**していた経歴がある。P・51D（SN44-63528）と呼ばれる機体は、なんと**翼の先端にジェットエンジンを搭載**された写真が残されている。写真は1948年頃にオハイオ州ライトパターソン空軍基地で撮影されたものである。この頃、新兵器として**誘導ミサイルの開発**が行われていた。そこで問題になったのが**ミサイルの動力**である。固体ロケットは速度は出るが射程が短く、当時のターボジェットエンジンでは複雑高価で信頼性もいまいちだった。そこで使われたのが**ラムジェットエンジン**である。ラムジェットエンジンはいわば内部がすぼんだ筒であり、高速で飛行した際に**吸い込んだ空気を圧縮燃焼**させることができる。構造が単純で軽いためミサイ

[P-51ムスタング　ラムジェット試験型　DATA]【試験開始】1945年【全長】9.84m【全幅】11.28m（通常型）【最高速度】703km/h（通常型）【乗員】1名

ルにぴったりだったが、原理上まず加速させなければ作動しないため、試験をするには高速で飛べる機体が必要だった。

そこでミサイル用のラムジェットエンジンのテストベッドに選ばれたのが、44-63528番機であった。両翼の先端に**マークフォードXRJ-43-MHラムジェットエンジン**を搭載し、ミサイルのエンジンを試験するジェットエンジン搭載型プロペラ機となったのである。

実は大戦中にも、ムスタングに原始的なパルスジェットエンジンを搭載して飛ばす実験が行われたようであるが、詳細はよくわからない。44-63528番機についてはプロペラ機でありながら**炎を噴いて飛ぶ**写真が残されており、飛行は実際に行われていたようである。

特殊飛行機 NO.025

【技術の最先端を飛んだ機体】

F・15 IFCS実験機

アメリカ

1972年、のちに世界最強の戦闘機と呼ばれることになる機体が初飛行を行なった。**マクダネル・ダグラスF・15**、通称〝イーグル〟である。F・15は大推力のエンジンを2発も積んでいる強力なパワーを持つ戦闘機で、その有り余るパワーから対空ミサイルはもちろん、ちょっとした爆撃機並みに大量の爆弾を搭載して対地攻撃も可能だった。

この傑作機を使って、さらなる性能向上を研究する目的で1993年に**F・15S／MTD**という改造機が作られた。これはF・15を短距離離着陸機に改造する計画で、低速での揚力を増すために**主翼のさらに前にカナード翼**を配し、ジェット排気を上下方向に可変できるノズルを新設、コンピュータが操縦をサポートする**フライ・バイ・ワイヤ**が搭載された。新設されたカナード翼のせいで、**上から見ると6枚羽根に見える**かなり奇妙な機体となった。

この改造機はその特異な改造のおかげで戦闘機の飛行特性の研究に向いており、S／MTDでの実験の後、今度は**NASA**の手に渡り**F・15 ACTIV**と名を変え、フライ・バイ・ワイヤのソフトウェアと機体の運動性の研究に使われた。

さらに今度は、**インテリジェント飛行制御システムIFCS**の試験用に**F・15 IFCS**

[F-15 IFCS　DATA]【初飛行】1988年（S/MTD）【全長】20m【全幅】13m【最高速度】　約2,400km/h【乗員】1名

として飛ぶことになる。ＩＦＣＳは機体が故障、破損して飛行特性が変わってしまった際に、**コンピュータが即座に飛行モデルに変更を加え、問題なく飛行を続けられるようにするシステム**である。例えば翼の一部が破損しているのにコンピュータがそれに気がつかず、正常なつもりで機体制御していては墜落の危険がある。操縦手のスティック操作をコンピュータが感知して、センサーの情報を元に電気信号を送って各部の舵面を動かす、いわば操縦の半分をコンピュータが行うフライ・バイ・ワイヤの機体にとって、**異常を感知して自力で補正できること**は重要なことである。

その後もこの機体はＮＡＳＡの元で各種の試験を行う**テストベッドとして活躍**し、引退したのは２００９年であった。

特殊飛行機
NO.026

【未だ行方不明の珍機】

アーセナル・ドゥランヌ 10C2

フランス

時は第二次大戦が始まろうとしている1930年代後半。フランスに**アーセナル国営航空工廠**という航空機メーカーがあった。メーカーといっても名前を見ればわかる通り、軍用機を開発する国営施設である。このアーセナル国営航空工廠に**モーリス・ドゥランヌ**という技師がいた。モーリスには他の技師にはない、いささか変わった信念のようなものがあった。

モーリスは**タンデム翼機に強いこだわり**があった。タンデム翼機とは、機体の後部に尾翼がなく、その代わりにもう一枚主翼がついている飛行機のことである。このタンデム翼、今ではホビー、スポーツ用の小型機にたまに見られる程度の珍しい形式だが、モーリスはその可能性を独り追究していた。一応理屈の上では、タンデム翼機にも利点がある。まず**重心位置の変化に強い**こと。1ヶ所の主翼が発生させる揚力で機体を持ち上げている通常の飛行機は、重心の位置が変わるとバランスも大きく変わって姿勢が乱れやすくなる。しかし、前と後ろの両方で機体を支えているタンデム翼機は、両手で物を支えているようなもので、**重心位置が変動しても姿勢が乱れにくい**。また、単純に揚力が大きい分、**主翼を小型にできた**。

モーリスはタンデム翼機を研究し、ついにタンデム翼戦闘機の試作機であるドゥランヌ10

飛行中の姿を描いた当時の新聞の挿絵

実機の写真

［アーセナル・ドゥランヌ 10C2　DATA］【初飛行】1941年【全長】7.23m【全幅】10.11m【乗員】2名

C2の製作に乗り出す。10C2の外見は、正直強そうには見えない。**まるで虫のような姿**である。しかし、かなりの重武装で、プロペラシャフト内を通して20ミリ機関砲の砲口が覗き、翼には7・5ミリ機銃が2門、複座式で後部座席にもさらに7・5ミリ機銃が装備されていた。

　前翼が持ち上げられて操縦席から下方の視界が確保されており、おそらく**上空から下方の爆撃機に襲撃を掛け、後方から迫る敵護衛戦闘機を後部機銃で牽制するつもり**だったのではないか。だが、この設計が正解か否か、答えが出ることはなかった。1940年にナチスドイツがフランスに侵攻、フランスは降伏し、完成目前だった10C2は**ドイツに持ち去られてしまった**のである。以降、**10C2の消息は不明**である。

特殊飛行機 No.027

ドイツ

アラドAr198

【視界良好偵察機の理不尽な結末】

１９３７年、ドイツ航空省は航空機メーカー各社に対し、新型偵察機の試作競作を打診、これに応募したのが**ブロームウントフォス**、**フォッケウルフ**、そして**アラド社**の３社である。だが、空軍サイドの要求に各社は困惑する。それは**「乗員３名の単発機で、かつ視界を３６０度確保すること」**というものだった。ドイツ軍が求めていたのは**地上の敵を探る偵察機**だが、敵の戦闘機をいち早く発見して退避せねばならず、非常に広い視界が要求された。通常の飛行機では胴体か翼が視界を塞ぐため、これまでにない形状の機体が必要とされた。

例えば、ブロームウントフォスのＢｖ１４１は、**胴体と操縦席を分けた左右非対称機**を考案。アラド社も３６０度視界の実現には苦労したが、一見普通の形状の**単発機の腹に大きな展望室を設ける**という、話だけ聞けばＢｖ１４１よりよほどまともな案を採用した。

最初はこのアラド社の案が、常識的に考えて本命だと見られていたようだが、実際に作ってみると、なんとも珍機としか言いようのない機体となる。この**アラドＡｒ１９８**は、操縦席が二階建てのような構造になっており、上部の前方に操縦席、後方に無線手兼機関銃手、下の展望室に偵察員が乗り込み、**３名で連携して周囲を見張る構造**になっていた。このため

［アラド Ar198 DATA］【初飛行】1938年 【全長】11.8m 【全幅】14.9m 【最高速度】359km/h 【乗員】3名

機体の腹が大きく張り出し、**飛行性能を悪化させた**。また、構造上主翼の位置を高くせざるを得ず、胴体部分に展望室があることから、着陸脚を引き込み式にできなかった。結局、胴体部分に固定式の着陸脚を取り付けることになり、**これがまた空気抵抗の元になった**。

実際に飛ばしてみると運動性も速度もイマイチで、本命と目されていた本機に対する軍の関心も薄れ、結局は**フォッケウルフ社のＦｗ１８９が採用**されることになる。

ちなみにＦｗ１８９は**軍の要求を一部無視して双発機**にすることで、無理なく操縦席と胴体を分離した双胴機である。真正面から要求された仕様に取り組んだがゆえに、**アラド社は低性能な機体を作ってしまった**のである。

特殊飛行機 NO.028

【ちょっとだけ飛べる偵察車】

BAC P.35 〝ジャンピング・ジープ〟

イギリス

1960年、イギリス陸軍の戦闘車両開発研究所では、メーカーに提示するための新型偵察車両の仕様がまとめられようとしていた。このとき想定されていたのが**「障害物があった際に、軽く飛び越える程度の飛行能力を持つ車」**というなんともシュールなものであった。フライングプラットフォームなどの、歩兵を本格的に飛び回らせる乗り物はこの本でも紹介しているが、**ちょっと飛び越えられればそれでいい**、という要求はあまり聞いたことがない。おそらく、研究所は軽く数分間飛行する程度の能力ならば、簡単に達成できると踏んだのではないだろうか。また、道なき道を走行する軍隊の偵察車にとって、深い川を飛び越え、崖から飛んで下りることもできる車というのは、非常に魅力的に思えたに違いない。

この特殊車両の仕様要求が提示されると、いくつかのメーカーが名乗りを上げてきた。フォーランド航空機、ブリストル・シドリー・エンジンズなどである。しかし、各社が実際に設計を始めてみると、これが**予想外に難物**だった。

当然ながら、滞空時間が短いからといって、**飛行装置が小さくて済むわけではない**。車の重さは変わらないからだ。結局のところ、二人乗りの車両を空中に持ち上げるには巨大なダ

[BAC P.35ジャンピングジープ　DATA]【開発】1960年代（※計画のみで終了）【全長】4.95m【乗員】2名

クテッドファンか、ヘリコプターのようなローターを乗せざるを得ず、普通なら軽自動車並みのサイズで済むところが、その**ふた回りも大きな車体になってしまった**。

その中で**BAC（ブリティッシュ・エアクラフト・コーポレーション）**は小型化のために小さなファンを13基搭載しようとする。この案はP・35と呼ばれ、エンジンはF1マシンを製作していたBRMから購入する計画だったという。

しかし、高回転でぶん回すことを想定して作られたレース用エンジンは軍用車には合わず、トラブルが続発したようである。それでもP・35は試作車が完成寸前までこぎつけたが、予算が高騰。陸軍は**超高価な「少しだけ飛べるマシーン」に大金を払う気はなく**、計画を中止してしまうのである。

特殊飛行機 NO.029

【やりすぎなスーパー戦闘メカ】

コンベア モデル49

アメリカ

１９６０年代後半、ベトナム戦争でゲリラ戦に苦しんでいたアメリカ陸軍は、地上部隊を支援する新型戦闘ヘリコプターを開発する**ＡＡＦＳＳ（先進空中火力支援システム）計画**を進め、新型ヘリの仕様要求を提示すると、数々の航空機メーカーから提案を受けた。

だが、陸軍の要求は普通のヘリでは達成不可能な要求を含んでいた。最高時速４００キロを超えろというのだ。**ヘリは原理的に時速４００キロ以上の速度を出すことができない**。機体が止まっていても主翼にあたるローターが回転することで、揚力を発生し続けられるのがヘリの特徴である。が、それゆえに機体が高速で飛ぶと回転の前進方向に向かう羽根は対気速度が速すぎ、後方に向かう羽根は遅すぎるという状態になり、**まともに飛べなくなる**のだ。

この難題を解決するために**コンベア社**が出したのが、常識的なヘリのスタイルをやめて、**垂直離着陸機にヘリの武装をポン付けで載せてしまう**というかなり乱暴な提案だった。コンベア社のモデル49は、外見上はテイルシッターの垂直離着陸機で、環状の胴体の中に二重反転プロペラが収められ、胴体外側三箇所にジェットエンジンが搭載されている。胴体のエンジンがついていない腹側の部分には武装を取り付けられるハードポイントが大小合わせて３

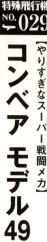

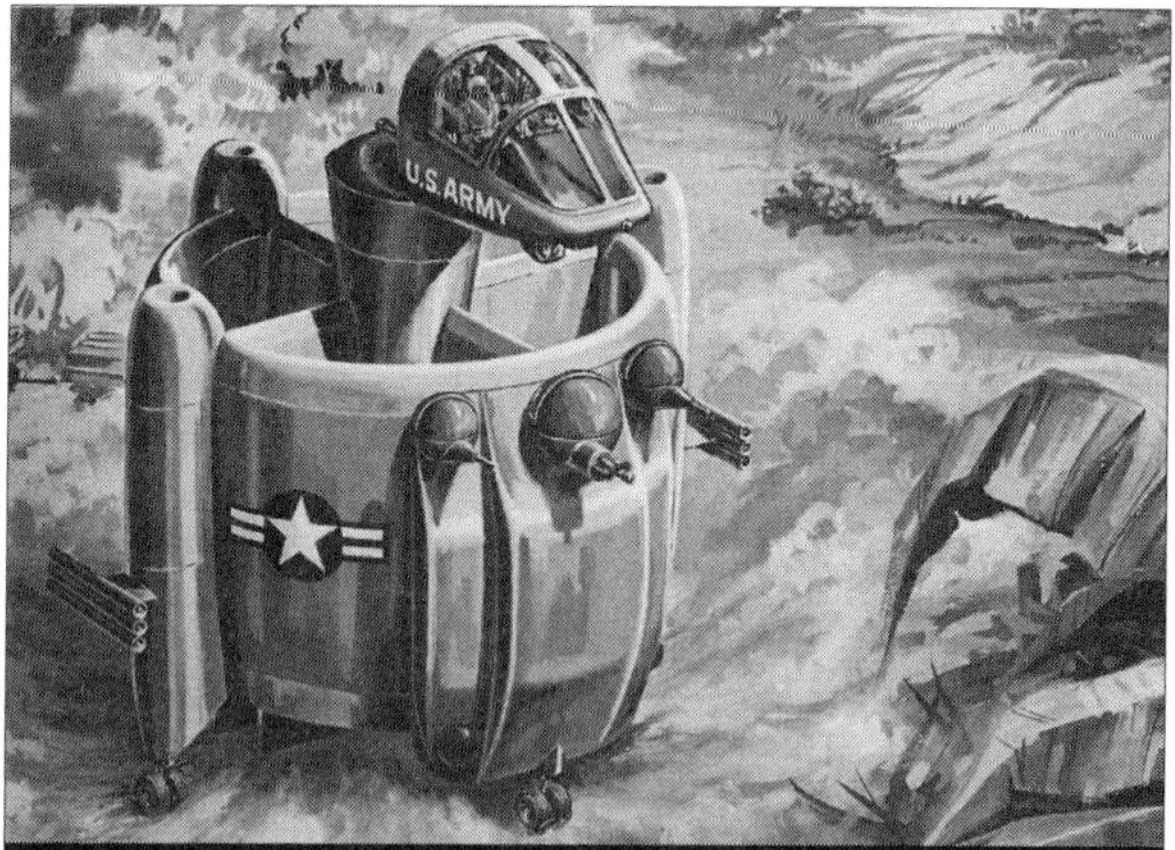

［コンベア　モデル49　DATA］　【AAFSS落選】1965年

つあり、**30ミリ機関砲**、**7・62ミリ機銃**、**40ミリ擲弾発射器**が取り付け可能。機体の側面にも**ミサイルランチャー**が取り付けられ、**対戦車ミサイル**も撃てる。90度機首を折ることが可能で、二人乗りの操縦席を常に水平にすることができた。

モデル49は低空では機体を上向きにして立ち上がり、味方の援護をしながら浮遊、機銃やミサイルで敵部隊を撃ちまくり、上空に舞い上がれば機体を水平にして高速で飛行するという**スーパー変形メカ**だった。

だが、あまりにも当然というべきか、この**モデル49は軍からまったく相手にされず、実物大模型すら作られなかった**。やけにカッコいいイメージイラストが残されているが、それを見てもモデル49が実用兵器になったとは、とても思えないのである。

特殊飛行機 NO.030

【夢に終わった最後の翼】

カーチスライトX・19

アメリカ

1950年代後半、アメリカの航空機メーカー・**カーチスライト社**は、独自に垂直離着陸機の開発を行っていた。**X・100**と呼ばれたこの機体は、機体内部に搭載されたジェットエンジンから取り出した回転力を動力に、翼端のプロペラを回転させ浮上、エンジンの噴射で機体の姿勢を制御する構造で、実験機としては悪くない結果を見せた。その後、同社はこれを改良し、**X・200**という新型試作機の開発に入る。安定性を高めるためにプロペラを2基から4基に増やし、4枚の主翼の先端に取り付けるデザインに変更したものである。

機体の外見も飛躍的に洗練され、**まるでビジネス機**のようであった。実際、6名の乗客が乗せられる設計で、ビジネス機として企画された機体だったようである。しかし、実機の製作には予想外に金がかかり、陸海空軍が注目していたこともあって最終的に軍の資金に頼り、**軍の試作機X・19として発注**されることになる。

X・19も動力はジェットエンジンで、これで4基のプロペラを回転させた。しかし、機体の精密なコントロールに必要なギアボックスの調整が難しく、またスロットルのレスポンスが悪いなど、操縦性は悪かったという。

［X-19 DATA］【初飛行】1963年 【全長】12.83m 【全幅】6.55m 【最高速度】370km/h 【乗員】2名+乗客6名

調子が悪い上に操縦が難しいというX-19は、1963年の**初飛行でいきなり着陸に失敗**して破損。それでも短時間の飛行試験を50回も繰り返して意地を見せたX-19だが、結局1965年、**試験中に墜落して大破**、操縦手は脱出に成功したが機体は破棄、**発注されていた2号機はキャンセル**されてしまった。

米軍は垂直離着陸機開発のあまりの厄介さに頭を抱えることになる。その後も垂直離着陸機の研究は続けたが、結局攻撃機は**イギリスのハリアー**とその改良型を使うことになり、輸送機は1989年の**V-22オスプレイ**の登場を待たねばならなかった。

カーチスライトはこれ以降、航空機開発から撤退し、残されたX-100はスミソニアン研究所に寄贈されたそうである。

特殊飛行機 NO.031

【翼だけは空を向いた】

カマンK・16B

アメリカ

アメリカ軍の垂直・短距離離着陸機計画では様々な機体が試作された。その中で主翼の角度を変えて翼全体を上向きにし、垂直に飛び上がる飛行機を**「ティルトウィング機」**という。

1959年、これを実用化するために**ヒラーX・18**という実験機がつくられたが、これは失敗。それでも諦めきれないアメリカ海軍はヘリコプターメーカーの**カマン社**に実験機の製作を依頼、これに応えてカマン社が開発したのが**カマンK・16B**である。名前にBが付いているのは、先代に当たる**ティルトウィング機のK・16Aが存在するから**で、こちらも軍のティルトウィング機開発計画に提案されたが、採用されなかったという経緯がある。

カマン社は実験機K・16Bを製作するにあたり、経費と期間の節約のために既存の部品を流用することにした。K・16Bの胴体は、グラマン社の**水陸両用飛行艇「グース」**のものを使っている。できるだけ既存の部品を使うのは、実験的な機体を作る際には珍しいものではなく、失敗に終わったX・18も既存の機体のパーツをごちゃ混ぜに使用したものである。だが、胴体は調達できてもティルトウィング機のキモである翼は新設計しなければならない。

ヒラーX・18の翼が90度回転して真上を向いて飛び上がる設計だったのに対し、**K・16B**

［カマン K-16B　DATA］【製造】1962年　【全長】11.5m　【全幅】10.3m

の翼は50度しか動かない。その代わり翼の後端にあるフラップが可変して、受け流したプロペラの気流を下向きに変えることで飛び上がる仕組みになっていた。また、装備しているプロペラも単純な一枚板ではなく、ヘリのローターのように**取り付け角度が回転中に変化することで姿勢制御を行う**という設計だった。

しかし、K‐16Bは空を飛ぶことはなかった。**1962年に開発計画が中止**されたからだ。当時、アメリカには多数の航空機メーカーがあり、軍に対し、9社から15機種もの垂直離発着機の提案があったという。K‐16Bは目立つ実績のないアイデアのひとつに過ぎず、不採用になったのだ。

もっとも、結局は**当時提案された機体は全て実用化に失敗している**のだが。

特殊飛行機
NO.032

【垂直離着陸の夢】
コンベア XFY-1 "ポゴ"

アメリカ

ハンドル付きの金属の棒に乗って、バネの力でぴょんぴょん跳んで遊ぶ遊具を日本ではホッピングというが、これをアメリカでは**「ポゴ」**という。

1951年、かねてより艦載用垂直離着陸機を欲しがっていたアメリカ海軍は、コンベア社の提案を採用し、**試作垂直離着陸機XFY-1**の製作にGOサインを出す。コンベア社の提案したアイデアは、ずんぐりした三角翼機に実に**5850馬力もの強力なエンジンを搭載**し、**機首を上向きにした状態で二重反転プロペラを回すことで真上に飛び上がる**というものである。尾部で着陸することからこの形式は**テイルシッター**と呼ばれている。竹とんぼのように垂直に飛び上がり、水平飛行では有り余るパワーで高速飛行、着陸時には再び上向きになり滑走路不要で着陸できる計画だった。このためXFY-1には**ポゴ**というあだ名がつけられた。搭載されたエンジンはジェットエンジンから回転力を取り出してプロペラを回すターボプロップエンジン、しかもXFY-1に搭載されたものは、2発のエンジンから回転力を取り出す**XT40という新型エンジン**で、当然ながら通常の2倍の馬力が出せた。

XFY-1は単に**垂直離陸する実験機という意味では優れた機体**だった。何しろ**飛行実験**

［XFY-1 DATA］【初飛行】1954年 【全長】10.6m 【全幅】7.86m 【最高速度】763km/h 【乗員】1名

の初期からあっさり離陸に成功しているのだ。また、水平飛行に移ると、その大馬力でぐんぐん加速し、記録を取っている追跡機が追いつけないほどだったという。

ただし、**着陸のしにくさは致命的**だった。何しろ速度が出る割に**速度を落とす手段がなく**、着陸地点の程よい手前で出力を落とし、機首を引き上げて上向きになったと同時にまた出力を上げてホバリング状態にし、見えにくい地面を無理やり確認しながら降下しなければならない。あまりの着陸のしにくさに、わざわざ地面を感知するレーダーを取り付けなければならなかった。

また、XT40エンジンは馬鹿力だけが取り柄で故障が多く、XFY-1は**艦上で使用するのは困難と判定**され、採用されることはなかった。

特殊飛行機 NO.033

【静かなる見張り屋】

低騒音観測機QT・2

アメリカ

１９６０年代後半、アメリカ軍はテストパイロット養成のため、民生用スポーツグライダーの**シュヴァイツァーSGS・2・32**を購入、**X・26として数機を訓練に使用**していた。ちょうどその頃、アメリカはベトナム戦争の真っ最中だった。そこでは敵情を探る偵察機が必要とされていたが、通常の偵察機では大型エンジンゆえに大騒音とともに上空を飛ぶため、**偵察しているのがバレバレ**で、低空では対空攻撃で撃墜される恐れもあった。そこでアメリカ陸軍は、訓練用のグライダーを改造して低騒音で飛行する偵察機を作ることにする。

とはいえ、本来無動力で滑空するのがグライダーである。普通のプロペラ機のように機首にエンジンを積むスペースはない。そこで、鼻先に平たいツノのようなヒレを設け、そこに低速回転プロペラを設置、１００馬力ほどのエンジンを胴体背部に載せ、そこからシャフトを伸ばして操縦席の頭越しに機首の低速回転プロペラを回すという奇怪な構造にした。

この機体は新たに**低騒音観測機QT・2**と命名された。

その外見はグライダーが風車を背負ったような奇妙なものだったが、小馬力エンジンと低速回転プロペラのおかげで飛行中の騒音が通常の航空機よりははるかに小さく、夜の闇の中を

［ロッキード QT-2　DATA］【初飛行】1967年　【全長】9.33m　【全幅】17.37m　【巡行速度】128.8km/h　【乗員】2名

飛ぶと地上からはまったく気がつかないほどだったという。これは**ある種のステルス偵察機**だった。

QT - 2はベトナムで極秘のうちに実戦テストを行い、人知れず夜の闇を飛び回ったようである。その成績が満足いくものだったことから、QT - 2の改造を手がけたロッキード社は本格的な**低騒音観測機YO - 3**を開発、YO - 3は細身の小型プロペラ機で、闇夜に身を隠すと**わずか上空60メートル**を飛んでいても、騒音が小さすぎて地上の雑音に紛れ、**敵兵に発見されなかった**ほどだという。

QT - 2の方は1機が米海軍に移管され、通常のX - 26と区別するために通常のX - 26はX - 26A、QT - 2は**X - 26B**と改名されて、再び訓練に使われた。

特殊飛行機
NO.034

【何者にもなれなかった機体】

ロックウェル XFV-12

アメリカ

本書で何度も触れているが冷戦期、アメリカ軍は垂直離着陸機の研究を盛んに行っていた。そのような中に**XV-4**という実験機がある。この機体は離着陸時、ジェットエンジンの排気を下向きに吹き出す際に、**背部の扉を開いて外気を引き込み、排気と一緒に下向きに吹き出すことで機体を浮かせる**という実験機だった。この方式の利点は単にジェット排気を吹き出すより出力が増すこと、排気の温度が下がるため滑走路を痛めないことだった。

この特性に注目したのが、**アメリカ海軍**である。垂直離着陸機が実用化されれば、大型空母は必要ない。**小型空母を量産すればよいので、コストを抑えられるはず**だった。

そして70年代初めにつくられたのが、XV-4の発展型の**「XFV-12」**である。XFV-12はコスト削減のため、機首はA-4、機体の部品の一部はF-4のものを流用していた。離着陸時には主翼とカナード翼の後縁からジェット排気が吹き出し、周りの空気を巻き込みながら機体を押し上げるはずだった。機体を設計したロックウェル社は自信満々で、また海軍も楽観的なまでの期待をかけていた。

だが、**その実態は悲惨だった**。エンジンの排気を翼後端に導くダクトは**高温の排気に耐え**

[ロックウェル XFV-12　DATA]【テスト開始】1977年　【全長】13.36m　【全幅】8.68m　【乗員】1名

られずひび割れ、耐熱金属製にすると今度は自重が増加。ありものの飛行機で作られた機体も重く、**垂直離着陸は困難**だった。

機体については、後から新設計のものをつくる予定だったので、とりあえず動作テストができればいいと思っていたようである。ところが、本格的な施設で動力試験を行ったところ、とんでもない事実が発覚する。実際の出力を計測したところ、なんと**計画値にまったく届いていなかった**のだ。

これでは**計画通りに新設計の機体を作っても飛べない**。もし飛ばそうと思えば、計画より大幅に軽量の機体にせねばならず、**武器や燃料を載せただけで飛べなくなる**可能性すら出てきた。結局、この機体は**ただの燃料を消費する置物**になり、１９８１年に計画は破棄されてしまった。

特殊飛行機 NO.035

【幻の永久欠番戦闘機】

ベルＤ・１８８垂直離着陸機

１９５０年代の中頃、アメリカのベル社が**モデル65ＡＴＶ**と呼ばれる垂直離着陸実験機を作ってテストをしていた。これはベル社の社内での技術研究であり、軍が直接関与していたわけではなかったが、モデル65は垂直離陸に成功しており、軍の関心を引いていた。

モデル65はエンジンそのものを回転させて、下向きにジェット噴射することで上昇する**ティルト・スラスト方式**の実験機だった。１９５０年代の後半、ベル社は実用化をにらんでこの方式の超音速試作戦闘機を開発することにした。ベル社の提案にまず海軍が、続いて空軍が参加し、このＤ・１８８は正式に軍からの予算がついた計画となる。この計画がうまくいけば、Ｄ・１８８はＦ・１００スーパーセイバー戦闘機に始まる、アメリカ軍の**未来型戦闘機群「センチュリーシリーズ」の一員「Ｆ・１０９」になる**はずだった。

だが、Ｄ・１８８はついに飛ぶことはなかった。Ｄ・１８８には翼端に2発ずつの計４発、機体後部にさらに2発のエンジンが搭載されていた。翼のエンジンは離着陸時には回転して噴射口が下向きになり、垂直上昇を行う。しかしこれでもまだ足りず、操縦席後方に最初から噴射口を下向きにしたエンジンを埋め込む設計になっていた。つまり、戦闘機であり

完成予想図

［ベル D-188　DATA］【模型公開】1960年【全長】18.9m【全幅】7.24m

ながら**計8発のエンジンを使わなければ飛べない**というのだ。通常の超音速機がせいぜい2発で済んでいることを考えると、**8発はあまりに多すぎる**。しかもこれらのエンジンは、**操縦手1名が操縦桿を片手に握ったまま操作する**ことになっていたようだ。計器を読むだけで大変そうである。

ちょうど同じ頃、海軍ではジェット艦載機を運用できる大型空母の建造が進んでおり、無理に垂直離着陸機を開発する必要がなくなり、空軍でも実用性に疑問のあるD・188への関心が薄れ始めていた。ベル社は実物大模型を公開するなどアピールに努めたが、**空軍と海軍はついにD・188から手を引いてしまう**。宙に浮いたF・109という名称は他の機体にも使われず、永久欠番になってしまったのである。

特殊飛行機 NO.036

【語り継がれる失敗作】

ベル YFM・1 エアラクーダ

アメリカ

爆撃機で敵の主要施設を爆撃するのは、**まさに命がけ**であった。目標に向けて編隊飛行する爆撃機は、敵戦闘機に襲撃されても逃げることもできず、防御用の機銃で応戦するしかない。こういう場合に最も必要なのは、敵戦闘機を追い散らしてくれる**護衛戦闘機**である。しかし、B‐17のような長距離爆撃機ともなると、単発の小型戦闘機では航続距離が足りず随伴できなかった。

B‐17の設計段階でそれはわかっていたことであり、米陸軍航空隊は最初からB‐17とともに運用する護衛戦闘機を航空機メーカーに要求、**ベル社の案が採用**され、試作機が作られることになる。十分な航続距離と敵戦闘機を蹴散らす重武装、これらすべてを盛り込むために、機体は双発機とされた。この試作機は**XFM‐1と命名**された。

XFM‐1は通常の双発機と異なり**プロペラが後ろ向き**に取り付けられている。攻撃力を持たせるため、エンジンナセルの前部に37ミリ機関砲とその砲手を乗せ、その後ろにエンジンを載せたからだ。また、胴体にも機関銃座を有していた。航続距離を確保し、重武装のため機体も大型化した。そう、もうお分かりのことと思うが、爆撃機について行ける戦闘機を

［YFM-1エアラクーダ　DATA］【初飛行】1937年　【全長】13.64m　【全幅】21.29m　【最高速度】446km/h　【乗員】5名

作っているうちに、**爆撃機と大差ない機体になってしまった**のである。

ＸＦＭ・１は武装こそてんこ盛りだったが、**動きが鈍重**だった。それでも**米軍は改良型13機を発注、改善に期待をかけた**。だが、**改良型ＹＦＭ・１となっても何も解決されなかった**。最大の問題は**速度がＢ・17より遅いこと**で、護衛機が足を引っ張るというとんでもない事態も想定された。また、エンジン配置のせいで常に冷たい空気を吸入していないとオーバーヒートを起こすため、**地上では自走して滑走路まで行けない**というポンコツぶりも露呈した。

ＹＦＭ・１は実戦には出ていないが、戦争を生き延びることはなかった。**生産された13機すべてがスクラップにされた**ためである。

特殊飛行機
No.037

【空飛ぶ缶切り】
ヘンシェル Hs129B・3

ドイツ

1936年にスペイン内戦に介入したドイツ軍は、**航空機からの対地攻撃が装甲車などの地上目標を容易に破壊できる**ことを発見する。しかし、当時の攻撃機は装甲が施されておらず、**地上から機銃で反撃されると簡単に撃墜されていた**。この経験から操縦席周りに装甲板を集中配置した重装甲、重武装の攻撃機の必要性が認識され、ヘンシェル社とフォッケウルフ社に試作を要請、ヘンシェル社の案が採用され、**Hs129**として配備されることになる。

Hs129は初めから**「戦車や装甲車を攻撃する」**という目的に絞って設計されていた。敵に突撃する際に晒すことになる前面の面積を「前面投影面積」というが、Hs129はこれを限界まで小さくした。その方が敵の弾に当たりにくいからだ。そのため胴体は人が乗れるギリギリまで細くされ、機首に集中配置された7・92ミリ機銃2門と20ミリ機関砲2門と装甲板もあって、**操縦手が身動きできないほど操縦席が狭かった**。前面の防弾ガラスも分厚く視界が制限されるほどで、照準器が操縦席に収まらず機外に装着されていた。エンジン関係の計器もエンジンナセルに直接設置されており、窓から外の計器を見る必要があった。

戦車退治に特化したHs129は対地攻撃で猛威を振るい、**「空飛ぶ缶切り」**とのあだ名

［ヘンシェル Hs-129　DATA］【初飛行】1939年　【全長】9.75m　【全幅】14.2m
【最高速度】407km/h　【乗員】1名

をつけられた。斜め上方から機関砲を撃つＨｓ１２９は装甲の薄い戦車の上面を攻撃でき、**傾斜装甲の効果を無効化**できた。しかし、相対するソビエト軍の戦車が重装甲化してくると20ミリ機関砲では打撃力不足となり、通常の武装の他に機体の底部に30**ミリ機関砲を装備したタイプ**も作られた。

それでも足りなくなると、戦車砲に匹敵する**新型75ミリ砲搭載のＨｓ１２９Ｂ・３型**が作られる。自動装填装置付きの75ミリ砲は抜群の威力を誇り、理論上はあらゆるタイプのソ連戦車を破壊可能だった。

しかし、重い砲はただでさえエンジンのパワー不足に悩まされていた機体にさらに負担をかけ、**運動性は劣悪**であった。その改善のための**新型エンジンを待っている間に、戦争が終わってしまった**という。

特殊飛行機
No.038

ショートSC・1

【さらなる飛躍のために】

イギリス

本書では数多くの垂直離着陸実験機を紹介しているが、そのほとんどが実用化までたどり着くことができなかった。そもそも水平に飛ぶのに必要な性能と、垂直に飛び上がるのに必要な性能は異なり、それぞれの用途に合わせて複数のエンジンを積み込む必要があった。1960年代当時、西側で実用機として物になったのは**イギリスのハリアー**だけだが、その成功を決定づけたのは傑作と言われた**ロールスロイス・ペガサスエンジンの功績**がある。

さて、ハリアーが完成する少し前の1957年頃、イギリスの航空機メーカー、**ショート・ブラザーズ社**では、次世代の戦闘機として、熱心に垂直離着陸機の研究が行われていた。そして、同社の**実験機SC・1**がイギリスで初めて垂直に上昇することに成功する。

SC・1は**三角翼を持つ一人乗りの小型ジェット機**で、機体を持ち上げるためのリフトエンジンを4発も機体内に搭載したので、寸胴形をしている。一方で推進用のエンジンは低出力のものが1発あるだけで、最高速度が時速396キロと**大戦時のプロペラ機より遅かった。**垂直上昇から水平飛行に空中で転換する実験ができればよかったので、速度は遅くとも構わなかったようだ。垂直上昇中の機体制御はエンジンから取り出した圧縮空気を翼と機体

［ショート SC-1　DATA］【初飛行】1957年　【全長】7.77m　【全幅】7.16m　【最高速度】396km/h　【乗員】1名

の前後から吹き出すことで行われた。実験機としては成功した部類に入るが、**実験中に死亡事故も起こしている**。

　ＳＣ‐１の機体制御に関するデータは貴重なものである一方、**やはり水平飛行中には錘にしかならない上昇用エンジンを別に載せるのは無駄**であるとの結論も得た。ちょうどその頃に開発されたのが、あのペガサスエンジンである。ペガサスエンジンは、噴射（前方圧縮機と後方排気）を４つに分けて４箇所から吹き出し、その吹き出し口を回転させることで垂直上昇も水平飛行も思いのままだった。

　ペガサスエンジン搭載の**Ｐ・１１２７実験機**は、のちに**傑作機ホーカーシドレーハリアー**となる。ＳＣ‐１は実験台としてイギリスの航空機開発に貢献したのである。

特殊飛行機 NO.039

【知られざる飛行船部隊】

日本軍飛行船隊

日本人が初めて科学的に空を目指したのは**明治10年**のことと言われている。実はこの年に西郷隆盛が反乱を起こし西南戦争が勃発、熊本城に孤立した政府軍と連絡を取るため緊急に気球が必要になり、陸軍から気球実験の実績がある**海軍兵学校に製作が依頼**されたのである。結局、戦局が好転したため、この時は実戦投入されなかったようだ。

時代は下り明治42年、上野公園でアメリカ人による飛行船の飛行パフォーマンスが行われた。これに発奮したのが気球研究家の**山田猪三郎**である。なんと翌43年には**山田式第一号という飛行船を開発**している。これが初の国産飛行船である。この1号船はガス漏れに見舞われるなどトラブルもありつつ、**初飛行を成功**させている。日清戦争で領土に編入した**台湾の先住民に山田式飛行船を見せて、脅かして従順にさせる計画**まであったそうである。

当時は小型飛行機でさえたどたどしく飛ぶのが精一杯の時期であり、大型の航空機を作るなら飛行機より飛行船の方が有望視されていたようだ。陸軍の臨時軍用気球研究会は明治44年から大正5年にかけて、**3隻の飛行船を実験的に運用**していた。だが、事故が多かったこともあり、飛行船から手を引いてしまった。

日本

［AT航空船　DATA］【初飛行】1922年（大正11年）【全長】80m【最高速度】77.7km/h【乗員】12名

それと入れ替わるように**今度は海軍が飛行船の研究を始める**。第一次大戦の戦況を分析すると、ドイツ軍の潜水艦に対抗して対潜哨戒用としてイギリス軍が飛行船を使っているとの情報があったためである。

霞が浦に基地を確保し、戦利品としてドイツから押収した飛行船用巨大格納庫を移築して飛行船の運用試験を繰り返した。

だが、海軍の飛行船もやはり試験中に事故が多発。これは飛行船の原理的な問題でもあるのだが、**船体が巨大なわりに運べるものが少なく、効率も悪かった**。それに加えて、飛行機の性能が徐々に発達しており、飛行機に比べて**飛行船の性能が見劣りする**ようになってきた。結局、海軍の飛行船隊も昭和6年から縮小され、9年には事実上廃止されてしまったのである。

特殊飛行機
NO.040

【蘇らなかった宇宙爆撃機】
X・20ダイナソア

アメリカ

第二次世界大戦中のドイツで、ある途方もない計画が検討されていた。長大な滑走用レールを使って**宇宙爆撃機**を打ち上げ、大気圏ギリギリを飛行しながらアメリカ本土を爆撃、地球を半周し当時の日本領である南方の島に着陸させるという**「銀の鳥」計画**である。もちろん、こんな漫画じみた計画は実行不可能で、終戦とともに消えてしまった。

それから十数年後の１９５０年代末頃、アメリカ国防総省は宇宙時代を睨み、宇宙の軍事利用に関する計画の一つとして、**大気圏外を飛行する超高速の軍用機の研究**を始める。それは偵察機及び爆撃機が想定された、宇宙往還機であった。現代で言えばスペースシャトルに偵察用カメラや爆弾を搭載したようなものである。細部は異なるものの、いわば**「銀の鳥」計画の復活**であり、その実験のために作られたのが**X・20ダイナソア**である。

ダイナソアとは**ダイナミックソアラー（動的滑翔機）**の略で、機体本体には宇宙まで飛ぶような動力はなく、ロケットの先端に機体を取り付けて打ち上げ、ロケットを切り離した後は大気圏外を大気の濃い層に弾かれるように飛行し、予定された飛行を終えると大気圏内に再突入、速度が下がったところで操縦席前面の窓を覆っていたカバーを捨てて、通常の飛行

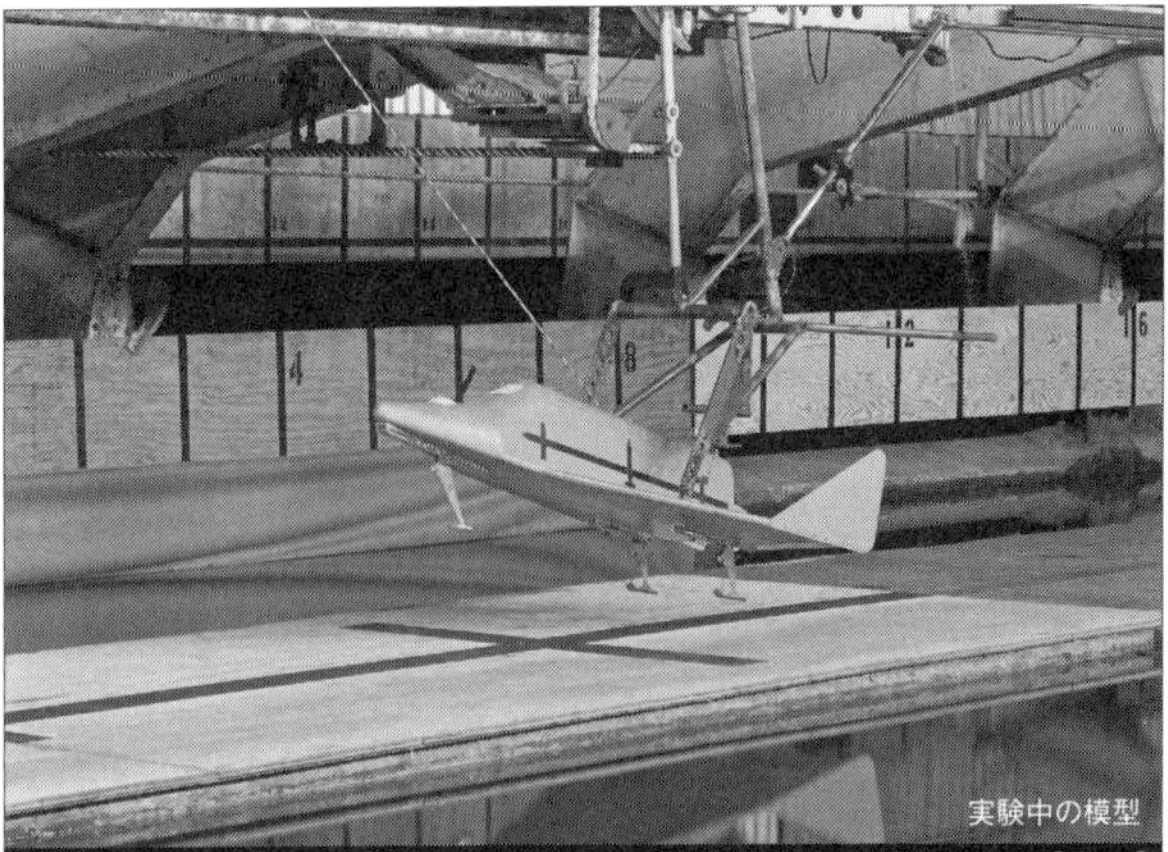
実験中の模型

[X-20ダイナソア　DATA]【開発】1950年代後半開始～1963年中止【全長】10.77m【全幅】6.22m【最高速度】26.827km/h（計画値）【乗員】1名

機のように操縦して着陸する計画だった。操縦に使う操縦桿が、現在のフライ・バイ・ワイヤ式のハイテク戦闘機と同じく、座席の脇にある**サイドスティック式**なのが大きな特徴で、これは強力なGがかかる中でも操縦できるように配慮したためである。

だが、結局X - 20は**実物大模型が作られただけで中止**されてしまう。中止の理由は莫大な予算がかかるためで、NASAや軍から**「本格的な宇宙計画を進めるべき」「戦闘機や爆撃機を優先すべき」**といった反対意見が多数上がっていた。確かに先進的だが、**壮大な割に費用対効果に乏しい**X - 20の面倒をこれ以上見ることは、国防総省にもできなかったのである。10機が発注されていたが、製作が始まっていた機体は**完成前にすべてスクラップにされた**という。

特殊飛行機 NO.041

【ロボットステルス偵察機】

RQ・3ダークスター偵察機

アメリカ

軍用機はもともと偵察用としてその歴史が始まったが、敵の情勢を探る偵察機は現代でもその重要性は変わらない。しかし、上空に向けて大砲を撃つしか飛行機対策がなかった時代ならいざ知らず、現在ではちょっとした武装組織ならストレラやスティンガーのような**対空ミサイルを持っている**可能性があり、おいそれと敵地上空に飛び込むわけにはいかなかった。だが、現代では危険な任務においても人的被害を受けるリスクを減らせる技術があった。**無人航空機技術とステルス技術**である。無人航空機技術はのちに**グローバルホーク**のような無人偵察機やその他軍用ドローンを生み出し、ステルス技術は**F117**のようなステルス攻撃機はもちろん、現代の新型戦闘機は程度の差はあれステルス技術が盛り込まれている。

では無人機にステルス技術を盛り込めばどうか。1996年に初飛行したのが、ロッキード・マーチン社が開発した**RQ・3ダークスター偵察機**である。

ダークスターは電波の反射信号を敵に察知されることを防ぎ、かつ上空に長時間滞空できる機体を求めた結果、**どちらが前かも判断しかねるような異様な姿**の飛行機となった。完全に自立飛行が可能で、離陸から作戦行動をとることができ、基地に着陸するまで**すべてを自**

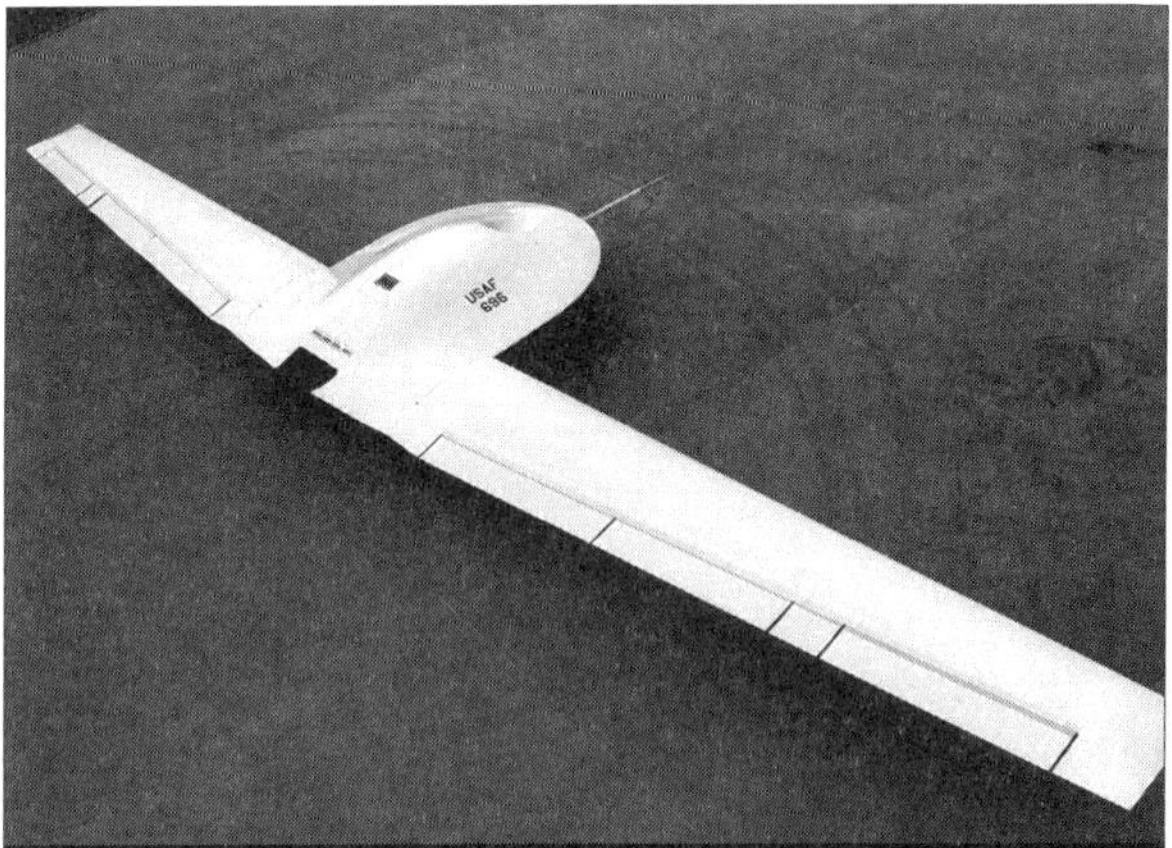

［RQ-3ダークスター　DATA］【初飛行】1996年【全長】4.6m【全幅】21.3m【巡航速度】464km/h【乗員】なし（無人機）

動的にこなす能力があった。取得した情報はデジタルリンクした衛星通信回線を使用して、リアルタイムで送信可能だった。そのため、各地域に事前に配備しておけば、**アメリカにいながら世界中のどこでも偵察することが可能**という高性能ぶりだった。

しかし、結局、**ダークスターは実戦配備されることはなかった**。試作機は4機つくられたが、そのうちの1機が墜落。1998年に改良された機体でテストが再開されたようだが、結局、翌年に**コスト高と安定性への不安から計画は中止**され、残った機体は博物館に収蔵されている。

しかし、イラク戦争（2003年）で**「ダークスターを目撃した！」**という噂話もあり、**密かに開発が続けられているという噂**も消えていないようである。

特殊飛行機
NO.042

【万能ラジコンヘリの末路】
ボーイングX-50A無人ヘリコプター

アメリカ

本書で何度も取り上げている通り、航空機を垂直に離着陸させるのは難易度が高く、容易に垂直離着陸できるヘリコプターは飛行速度が遅いという欠点がある。この問題を克服するために数多の実験機が作られてきたが、アメリカの実験機**「X・50A」**もその一つである。

2000年代初め、航空機メーカーのボーイング社と国防高等研究計画局DARPAは共同で、特殊な可変翼**「カナードローター／ウィング」**を採用した無人実験機の開発をはじめ、この計画には2002年にX・50Aの名称が正式に割り振られた。

カナードローター／ウィングとは幅の広いローターで、**離陸する際には胴体内に設置されたジェットエンジンの排気を翼端から吹き出して回転させ、垂直に上昇する**。この方式ならエンジンの回転力でローターを回す方式と違いカウンタートルクが発生しないからだ。そして水平に飛行する際はローターを水平に固定、ジェット噴射を機体後部の噴射口から吹き出すことで飛行機として高速飛行できる。ヘリのような複雑な機構も不要で、**ヘリと飛行機両方の性質を兼ね備えながら、理論上はむしろ低コストになるはず**だ。

もしこのX・50Aが実用化できれば無人偵察機や無人攻撃機も滑走路不要となり、最前線

［X-50 A無人ヘリコプター　DATA］【初飛行】2003年　【全長】5.39m　【全幅】2.71m　【最高速度】700km/h　【乗員】なし（無人機）

の基地の駐車場からでも出撃し、味方の支援や偵察も可能など、まさに**万能の無人飛行メカになるはず**だった。

X‐50Aは2機作られ、早速試験が開始された。しかし**結果は惨憺たるもの**だった。

2003年から垂直に上昇する実験が開始されたが、**そこから水平飛行に移ることができなかった**。どの垂直離着陸機でもそうだが、機体を浮かせる原理が垂直上昇中と水平飛行中で異なると、その切り替えの瞬間が最も難しく、慎重にならざるを得なかった。X‐50Aの1号機は**ヘリとして飛行中に異常を起こして墜落**。改良を加えた2号機で試験は続行されたが実験計画遂行中の06年に、やはり**コントロール不能になり墜落**した。結局X‐50Aは満足に水平飛行することもできなかったのである。

【飛行機よもやま話２】

世界初のジェット戦闘機対決

１９４４年、第二次世界大戦の戦場に最新のジェット戦闘機が現れた。ナチスドイツのメッサーシュミットＭｅ２６２とイギリスのグロスターミーティアである。当然ライバルとして激しく戦ったかと思いきや、新兵器であるがゆえに各々紆余曲折の道を歩むことになる。

Ｍｅ２６２は連合軍の戦闘機より時速１００キロ以上優速で、一撃離脱に徹すれば一方的に目標を攻撃できた。しかし新型軸流式ジェットエンジンは部品寿命が数十時間しかなく、急加速のためにスロットルを全開にすると部品が熱で溶けたという。また、地上部隊の侵攻に悩まされていたヒトラーがＭｅ２６２を対地攻撃機にしろと言い張り、現場を混乱させた。

一方のミーティアは、当時の技術でも無理なく作れる遠心圧縮式ジェットエンジンを搭載していたが、本格的な高性能エンジン搭載が終戦直前にずれ込んだため、最初期型のミーティアＦ・１では低出力のエンジンを載せるしかなく、プロペラ機と同等以下の速度しか出せなかったという。Ｆ・１型は対戦闘機戦には使えなかった。結局、ミーティアがドイツに現れる頃にはドイツ空軍はすでに壊滅しており、両者が直接対決することはなかった。

その後、ミーティアは凡庸であるがゆえに使いやすく、戦後も改良されながら使われることになる。Ｍｅ２６２のエンジンは戦後の戦闘機エンジンの模範となった。

第二章　歴史を変えた空のパイオニアたち

特殊飛行機 NO.043

【人類初の飛行装置】

モンゴルフィエ兄弟の気球実験

フランス

人類が空を飛びたいと願い始めたのはいつからなのか。正確なところはわからないが、古代から空飛ぶ怪獣や空を飛べる道具、それらを使って飛ぶ英雄の神話や伝説が残されていることから、**太古の昔から人間は空を飛びたいと願っていた**ようである。だが、空飛ぶ乗り物の構想が現れるのは、科学という学問が発達するのを待たねばならなかった。

はじまりは**熱気球**だった。空気は温まると軽くなり、上昇する性質があることは古くから知られていた。18世紀後半、その空気の原理を乗り物に応用しようという者が現れる。

1782年、フランスに住む製紙工場経営のモンゴルフィエの16兄弟の一人、**ジョゼフ＝ミシェル**は**「熱い煙」で膨らんだ紙袋が空に昇っていく**のを見て、**熱気球の製作**を思いつく（洗濯物を焚き火で乾燥させていて思いついたとも言われている）。最初の模型はジョゼフが作った。素材は絹の袋、室内で飛ばせるような小さなものだった。これを見た弟の**ジャック＝エティエンヌ**とともに**直径12メートルの気球を製作**、**無人飛行の公開実験を見事に成功させる**。ただ、この時兄弟は温められた空気が軽くなるという効果を理解しておらず、あくまで**「熱い煙」が浮力を生み出す**と考えており、煙が出やすいように湿った羊毛を燃料に混ぜ

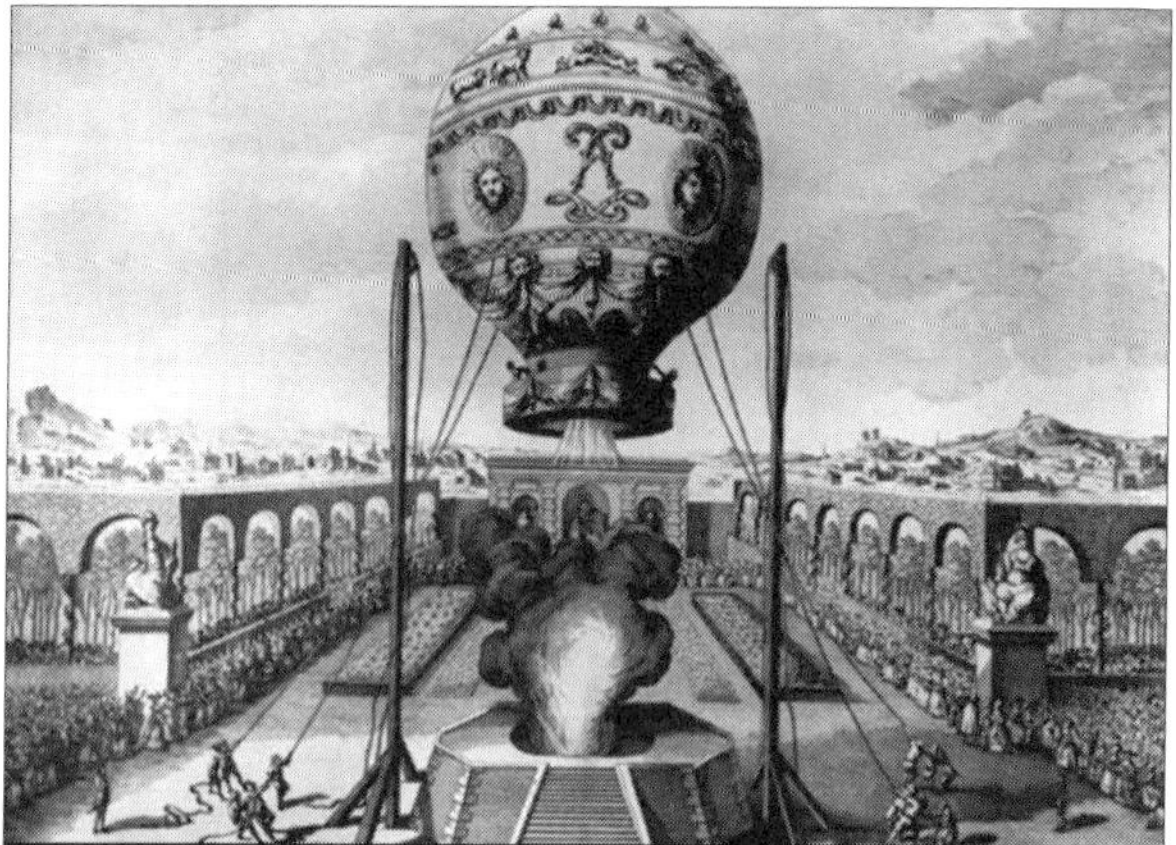

[モンゴルフィエ兄弟の気球実験　DATA]【公開実験】1783年

ていたそうである。その後さらに実験を成功させた兄弟の名声は高まり、**ぜひパリで実験をして欲しい**との依頼が舞い込む。

そして行われたのが、有名な**ルイ16世とマリー・アントワネット臨席の公開実験**である。

兄弟もゆくゆくは有人飛行をと考えていたが、空の世界がどのようなものかまだ誰も知らない時代であり（酸素がない可能性さえ考えられていたようである）、事故の危険もあったため、史上初めて飛行装置で空を飛ぶ乗組員に、**ヒツジ、アヒル、ニワトリ**が選ばれた。

彼らを乗せた気球は**上空約500メートルまで上昇し、8分後に無事に地上に生還**した。**世界で初めて機械の力で空を飛んだのは、これらの家畜だった**のである。

特殊飛行機
NO.044

【本当は飛びたかった電話の父】

ＡＥＡシグネット

カナダ

現在、我々の生活に欠かせない機械の一つが**電話**である。電話がなければ日常生活が成り立たないほど普及しているが、その電話を世界で初めて実用化したのが、イギリス出身の発明家、**アレキサンダー・グラハム・ベル**である。

その偉大な功績から**「電話の父」**と呼ばれるグラハム・ベル。ともすれば電話の発明に生涯を捧げたかのように思われるが、実は**ベルの夢は飛行機を作って空を飛ぶこと**だった。

ベルが活躍したのは20世紀初頭の、ライト兄弟が世界初の動力飛行に成功する頃。当時カナダに住んでいたベルは、有志とともに**航空実験協会ＡＥＡを設立**し、本格的に飛行機の研究に乗り出した。当時はまだ飛行機の形状の正解がわかっておらず、１９０３年に飛行に成功したライト兄弟もアイデアを盗まれるのを極度に恐れるあまり、彼らのライトフライヤー号を人目に触れさせるのを避けていた。そのため、一部にはライト兄弟はインチキだと疑う者がいるなど混沌とした状態だったが、そんな中、ベルが注目したのが**凧**である。

ベルは立体的な構造を持つ、いわゆる箱凧にヒントを得て、特殊な立体構造を持つ**「シグネット」という凧を発明**する。シグネットは凧と言っても巨大なグライダーの一種で、人間

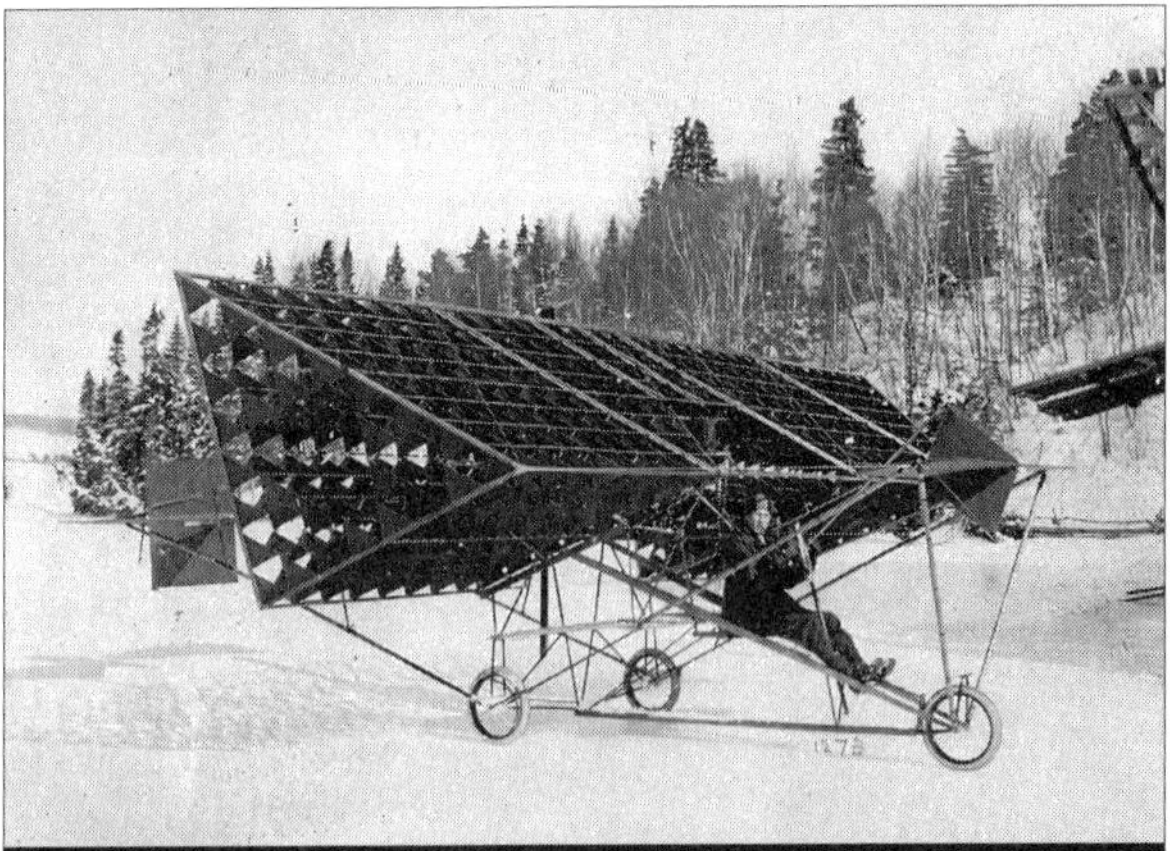

[AEAシグネット　DATA]【初飛行】1907年　【全幅】8.03m（シグネットⅢ）　【乗員】1名

を乗せて飛ぶことができた。

カナダのノバスコティアで行われた実験では、ボートに牽引されたシグネットが人間を乗せて**高さ51メートルまで上昇**。しかし操縦が難しく、着水時に大破してしまったようである。のちにエンジンを乗せたシグネットⅡとして蘇るも飛行は失敗、さらに改良された**シグネットⅢ**となる。

シグネットⅢは**わずかに浮いた**ようであるが、いずれにせよ、**凧から飛行機を作るのは限界**があり、ベルも後期には現代の飛行機に近い形の実験機を設計している。だが、すでに老齢だったこともあり、ベル自身が自分の飛行機で飛ぶことはなかったようである。ちなみにアメリカの航空機メーカー**「ベル・エアクラフト」とは何の関係もない**。創業者の姓が同じなだけである。

特殊飛行機 NO.045

【歴史に消えた怪飛行機】

フィリップス・マルチプレーン

イギリス

ライト兄弟が初飛行に成功する数年前、イギリスで一人の男が飛行機の研究に没頭していた。**ホラティオ・フレデリック・フィリップス**である。当時はまだ動力で飛ぶ飛行機というものはなく、グライダーや模型の飛行実験に基づいて色々な工夫を凝らしている段階だった。フィリップスは、**風洞**（風を送り込んだトンネルに翼や機体の模型を置いて、飛んでいる機体にどのように力が加わるかを確かめる装置）を作って研究を始めた。その研究の中で彼が開発したのは、現在の飛行機とまったく異なる、**異色の飛行機**だった。

通常の飛行機は大きな主翼で揚力を発生させて飛ぶ。だが、フィリップスが思いついたのは、**細く小さい翼を数十枚も重ねて固定する方法**である。彼はこの構造なら発生する抗力の割に大きな揚力が発生すると考えていたようである。１８９３年の実験では、無人の機体で機体重量よりも強い揚力が発生することを確かめた。１９０４年には人間が乗れる実験機での飛行に挑戦。しかし、**50フィート（約15メートル）ジャンプした程度**だったという。

１９０７年には、彼の研究の集大成とも言える機体が完成する。それはなんと50枚の翼を４列配置するというとんでもないもので、**外観はもはや単なるカゴ**であった。この機体はエ

［フィリップス・マルチプレーン　DATA］【初飛行】1907年　【乗員】1名

ンジンでプロペラを回し、**100メートルを優に超える動力飛行に成功**している。

しかし、フィリップスの発明もこれまでだった。1903年に飛行に成功したライト兄弟の機体でさえ、古い設計に基づく旧式機とみなされようとしていたこの時期、浮くのがやっとのフィリップスの機体をこれ以上発展させても先は見えていた。

以後、この多翼型機の研究をやめてしまったようであるが、フィリップスは翼の形の研究にも功績があり、**イギリスでは歴史的な航空研究者とみなされている**。

フィリップスが提唱した多翼機は、別の研究者が1911年に同じ原理の機体の開発に成功しており、写真も残されている。しかし、この形態の機体が発展することはなく、歴史の陰に埋もれてしまった。

特殊飛行機 NO.046

【黎明期の模索】

リー・リチャーズ円環翼機

イギリス

飛行機が生まれて間もない１９００年代初頭、当時研究されていた中に、翼を円形にした**円環翼**という形式があった。通常の横に伸ばす翼は根元から折れる恐れがあった上、機首が上むきになった際に主翼の表面を流れる気流が剥がれて、揚力を失い失速しやすい欠点があった。理屈の上で言えば飛行機の翼は、機体を持ち上げられるだけの揚力を発生させられればまっすぐである必要はなく、円形でも構わない。むしろ円形の方が胴体との接合部分の面積が大きく、横への張り出しも短いため**強度が出しやすく、失速しにくい利点がある。**

そのため、円環翼機は熱心に研究されていたのだが、理屈はともかく実際に製造して飛ばすとなると難しく、失敗の連続だった。イギリス人の**セドリック・リー**は研究途中で挫折していた円環翼機の特許を試作機とともに買い取り、技師の**ジョージ・ティルマン・リチャーズ**とともに研究を始める。これらリーとリチャーズの一連の実験機を**「リー・リチャーズ円環翼機」**という。最初は１９１１年の円環翼の複葉機で、遠目には日本の鼓《つづみ》のように見える奇妙な機体だったが、結局これは失敗作に終わり飛ばず、次は単葉機で１９１３年に飛行試験が行われたが墜落、墜落した単葉機型を改良した2号機も試験中に墜落した模様である。

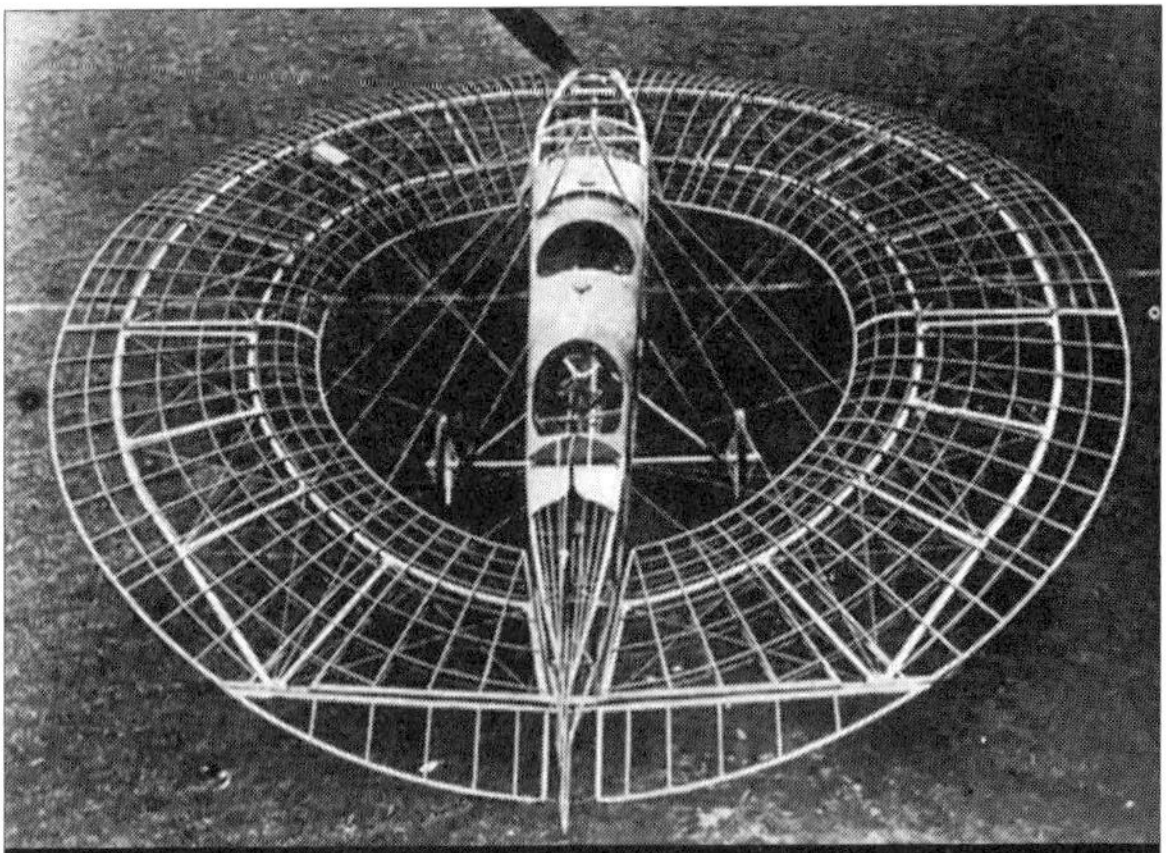

［リー・リチャーズ円環翼機　DATA］【飛行試験開始】1911年

決定版とも言える3号機はそれまでの機体の中ではまだ飛行はできた方だったが、これも墜落して失われている。

　その後もリーとリチャーズは研究を続けたようだが、結局、円環翼機はモノにならず、歴史の彼方へと消えてしまった。

　もっとも、リー・リチャーズ円環翼機は意外な形で再び歴史に姿を現すことになる。60年代の傑作コメディ映画『**素晴らしきヒコーキ野郎**』は黎明期の飛行機レースを描いた作品だが、その飛行機群の中に、チョイ役ではあるが**リー・リチャーズの複葉円環翼機が登場**するのである。もっともレプリカで自力飛行はできず、ワイヤーで吊られていたようであるが。撮影に使われた機体は現在イギリスのニューアーク航空博物館に展示されている。

特殊飛行機 NO.047

【新機軸の原理に挑戦】

マグヌス効果翼機

アメリカ

例えばボールを投げる時に、強い回転をかけながら投げてみるとしよう。そのボールはまるで回転に引っ張られるように変化してしまう。これはボールの周囲を流れる気流の速度に、**ボールの回転で偏りが生じ一種の揚力が発生するため**で、この現象は発見者の名をとって**マグヌス効果**という。

このマグヌス効果が乗り物に応用できるのではないかと考えたのが、20世紀の初めから中頃まで活躍した技師でドイツの発明家の**アントン・フレットナー**である。フレットナーはこのマグヌス効果を利用して、帆船の帆の代わりに巨大な円筒形のローターを設置して、これを回転させることで風を受けた時に推進力に変換する**「ローター船」**を作り上げ、見事に走らせることに成功している。

フレットナーはこれを応用すれば、飛行機の翼も作れるのではないかと考えていたようである。水平に設置したローターを回転させ、別に取り付けたプロペラを回して前進すれば、風を受けたローターに上向きに引っ張られる力を発生させて、空を飛ぶことができる。だが、フレットナー本人がこのような機体を作ったかどうかはよくわからない。

［マグヌス効果翼機　DATA］【実験】1930年

記録が残っているのは、1930年にアメリカの三人の発明家が作ったローター飛行機である。これは簡素な骨組みをフロートで海面に浮かせた水上機で**プリマスA・A・2004**と呼ばれた。前進用のプロペラを回すエンジンと、補助エンジンで回る3つのローターを装備し、飛行に成功したと報告されているが、**具体的な飛行実験の様子はよくわからない**。だが、ローターを回転させる動力が失われると揚力も失われてしまうため、**通常の翼と比べると安全性に疑問の声もある**ようだ。

結局実用化はされていないマグヌス効果翼機だが、単なる机上の空論でも空想の世界の産物でもなく、理論的には間違っていないため、**この原理を使ったラジコン飛行機は飛行に成功**している。

特殊飛行機 NO.048

【江戸時代の鳥人伝説】浮田幸吉のグライダー

日本

江戸時代の随筆『**筆のすさび**（**菅茶山1748～1827**）』には「備前岡山の表具師、**浮田幸吉**というものが、鳩を捕らえて翼の長さを計測し、**翼を作って屋上から羽ばたいて飛び出した**」というエピソードが記されている。

天明5（1785）年に岡山の京橋から飛び降りた幸吉は、河原で行われていた宴の席に飛び込んだという。これが事実ならば**記録に残る日本初のグライダーによる滑空実験**ということになる。幸吉は騒動を起こしたかどで捕らえられ、**岡山から追放されてしまった**そうだ。

このエピソードは直接的な証拠が残っていないため、事実なのか伝説なのか、長らくわかっていなかったが、近年になり幸吉とともに翼を製作した**弟子の朔次郎**が現在の**広島県福山市**に戻り、そこで**人力飛行機の製作を試みて捕まった際の裁判記録**が見つかったという。

幸吉の翼がどのようなものか、記録が残っていないため想像に頼るしかないが、鳩やトビなどを観察して参考にしていることから滑空する鳥類の翼に似ていること、六畳間にギリギリ置けるサイズであること、持ち運びできる組み立て式であること、主な材料は木材と竹と和紙であろうことなどからある程度推測することができ、1985年には**地元の飛行機愛好**

所沢航空発祥記念館所蔵の模型

［浮田幸吉のグライダー　DATA］【初飛行】1785年？

家グループによって復元が試みられている。

実際のところどの程度飛べたかはよくわからない。ポリエステル素材と軽金属でできた現代のハンググライダーでさえ練習なしで飛ぶことはできず、ましてやぶっつけ本番に近い形で実験機を飛ばしたようなものなので、おそらくは斜め下に落ちたといった程度ではなかっただろうか。

幸吉の空に対する憧憬はかなりのものがあったようで、岡山を所払いになった後は**静岡で飛行実験を再開**。そこで再びとがめられ、**斬首されて果てた**と伝えられる（余生を全うしたという説もある）。

もし当時の日本に「この世の法則を実際に観察して確かめる」という科学の精神があれば、幸吉は現代の教科書に**「日本初の鳥人」**として載っていたのかもしれない。

特殊飛行機
NO.049

【夢を追い続けた男】

N・9M全翼実験機

アメリカ

1911年、カリフォルニア州サンタバーバラで一人の飛行家が曲芸飛行を披露して見せた。当時の飛行機の性能では、ものすごい曲芸をしたわけでもないだろう。しかし、一人の少年がこれに魅せられ、**後に世界に知られた航空技術者となる**。少年の名はジョーン、愛称はジャック。後に**ノースロップ社**を立ち上げることになる**ジャック・ノースロップ**である。

成長したジャックは**「ローヘッド航空機」**という航空機メーカーに入社する。聞いたこともないマイナー会社？　とんでもない。実はこれは当時の人々の読み間違いで、後に創業者が読みに合わせて綴りを変えた。以降、会社は正しく**「ロッキード社」**と呼ばれるようになる。

ジャックは同僚と語らううちに、飛行機は揚力を発生させる主翼だけあるのが最も効率的で美しいという持論を持つようになり、以降、**全翼機の開発に生涯を捧げる**ことになる。後に自分の会社を持つが、より良い研究環境を求めて会社ごとユナイテッド・エアクラフト社の傘下に入り、また独立するなど**全翼機のために放浪し続けた**。

そんなとき、ついにチャンスが来る。第二次大戦が始まり、**長距離爆撃機の開発許可が下りた**のだ。ジャックは全翼爆撃機を開発し、それを応用して**全翼旅客機を実現させるつも**

[N-9M DATA]【初飛行】1942年 【全長】5.4m 【全幅】18.3m 【最高速度】415km/h 【乗員】1名

りだったようである。だが、大型全翼機はジャックにとっても未知の機体。そこでまず**実物の3分の1の〝模型〟を作って飛ばす**ことにした。これが**N・9M**である。

模型といっても、全幅が18・3メートルもある一人乗りの飛行機である。4機生産されたが、遠くから見るとただの三角形の物体にしか見えず、地上からの観察に支障があるため、3号と4号はわざわざ上面と下面を黄色と青に塗り分けて機体姿勢を判別しやすくする必要があった。1号機が事故で失われたものの、一応のテストは完了し、**試作爆撃機XB・35**も作られた。が、結局採用されず、一旦全翼爆撃機は歴史の舞台から降りることになる。老人となったジャックが死んだ時、ノースロップ社は**ステルス全翼爆撃機B・2を開発中**だった。

特殊飛行機 NO.050

【初めて飛行したヘリコプター】

PKZ・2観測ヘリコプター

オーストリア＝ハンガリー帝国

　１９１０年代、レーダーもＧＰＳも偵察衛星もない時代、敵の様子を観察したり、味方の砲弾の着弾地点を観測して、砲兵に修正指示を出す着弾地点観測は**観測気球の仕事**だった。

　しかし、気球は**巨大かつ脆弱で、動きが遅いため狙われやすい**。攻撃を受ければ浮揚ガスに引火して、燃えながら墜落する危険と常に隣り合わせだった。第一次大戦中の１９１６年、オーストリア・ハンガリー軍はこの厄介な気球に変わり、回転するプロペラで観測員が乗るバスケットを持ち上げ、高所から観測する新兵器のアイデアをまとめ、当時最高の航空工学の権威、**セオドア・フォン・カルマン**に開発を依頼した。

　カルマンが考案したのはバスケットの両脇にそれぞれ２基のプロペラを設け、これをモーターで回して上昇する観測装置で**ＰＫＺ・１**と命名された。これはいわば偵察ヘリの原型だったが、**モーターが非力すぎてほとんど飛べなかった**。

　設計は大幅に変更され、木製の二重反転プロペラを３発の星形ロータリーエンジンで回転させる方法に改良された。本体はハシゴ状のフレームでできた３本の腕で、それぞれにエンジンが搭載してある。そのフレームの上に**人間が乗るバスケット**があり、プロペラを回転さ

［PKZ-2観測ヘリコプター　DATA］【初飛行】1918年　【最高到達高度】約50m【乗員】1名

せると上昇する仕掛けだった。自由に飛び回るような乗り物ではなく、地上のウィンチからケーブルを繰り出してコントロールする仕組みで、**あくまで気球の延長**だった。

この改良型は**PKZ・2**と呼ばれ、無人での上昇に成功、**世界初の上昇したヘリコプター**と考えられている。気球よりも小さいため敵に狙われにくく、炎上もしにくい。また取り扱いに気球ほど労力がかからないなど、有利な点が多数あった。

しかし、改良が進められていた1918年の6月に**PKZ・2は墜落事故を起こし大破**してしまう。同じ年の冬に**第一次大戦が終結**し、新兵器も不要になったため、PKZ・2の開発は終了した。

カルマンは本来の研究に戻り、現代に続く航空工学、空気力学の基礎を築いている。

特殊飛行機 NO.051

【ステルス爆撃機の始祖】

ノースロップ タシット・ブルー

アメリカ

敵機の襲来を事前に察知する装置として**レーダー**が使われ始めたのは第二次世界大戦からである。第一次大戦の頃は、巨大なコンクリートの塊に円形のくぼみをつけ、そこにラッパ型の集音器を向けて遠くの音を聞いていた。

レーダーは**音の代わりに電波を使った装置**で、まず電波を発射し、目標に当たって跳ね返ってきた電波信号をキャッチして敵の位置を割り出す。この電波の跳ね返りを抑えてレーダー画面に映りにくくする技術を**ステルス技術**という。原理的にはステルス機の開発は可能なのだが、電波を敵のレーダーに反射させず、飛行機として性能を維持するのは困難だった。

結局は電波を反射しない機体形状を導き出すには、コンピュータで地道に計算するしかない。世界初のステルス攻撃機である**Ｆ・１１７**が平面の組み合わせで機体が構成されているのは、**当時は曲面の計算ができるコンピュータがなかったため**と言われている。

そのＦ・１１７のコンペでロッキードマーチン社に敗れたのが**ノースロップ社**である。しかし、同時期のノースロップ社は、米軍のステルス偵察機計画にも食い込んでおり、そのために**タシット・ブルー（沈黙の青）**と呼ばれる実験機を開発していた。

［タシット・ブルー　DATA］【初飛行】1982年　【全長】17m　【全幅】14.4m　【最高速度】462km/h　【乗員】1名

タシット・ブルーは「とにかく機体から鋭角な部分や継ぎ目をなくし、できるだけ曲面で構成する」という方針を元に設計されている。そのため四角いV字型尾翼に四角い機首、断面がゆるい台形の胴体と、なんとも形容のし難い異様な姿をしており、**「クジラ」「エイリアンの学園バス」**などとあだ名をつけられた。とても飛べるとは思えないタシット・ブルーだが、コンピュータが操縦手をサポートするフライ・バイ・ワイヤによって、**意外にも安定して飛んだ**そうである。

タシット・ブルー自体はあくまで実験機であり、直接の後継機は登場しなかったが、タシット・ブルーから得られたデータは、のちに**B2ステルス爆撃機の開発に役立った**ようである。

特殊飛行機
NO.052

【実用垂直離着陸機の祖先】

ベルＸ・14

アメリカ

現在実用機として使われているハリアーやＦ・35Ｂ型などの垂直離着陸機は、いずれも可動式のエンジン噴射口を下に向けて垂直に飛び上がる**「ベクタード・スラスト方式」**を採用している。これは機首を上に向けて着陸するテイルシッターや、推進用のエンジンとは別に上昇用のエンジンを持つ機種に比べて、より実用的だった。

その最初の実験機が**ベルＸ・14**である。アメリカ空軍からベクタード・スラスト方式の垂直離着陸実験機の発注を受けたベル社は、早速機体の製作に入った。ベル社はこれ以前に、**モデル65ＡＴＶ**と呼ばれる垂直離着陸実験機で試験を繰り返していたが、むき出しのフレームに可動式のエンジンナセルを取り付けただけの機体で、浮くことはできたが飛ぶまでにはいかなかった。モデル65は動力部以外はグライダーとヘリの部品を流用していたようである。

Ｘ・14も機体そのものは、寄せ集めで作られた。尾翼は**ビーチＴ・34練習機**のもの、主翼周りは**ビーチボナンザ汎用機**のものだった。これは最初から新設計するより、実績のあるものでまとめた方が安くて早いからである。

重要なのは動力部である。ベクタード・スラスト方式の垂直離着陸機は、噴射の反作用で

［ベルX-14　DATA］【初飛行】1957年　【全長】7.92m　【全幅】10.3m　【最高速度】277km/h　【乗員】1名

機体を支える。すなわち、機体の重心位置でバランスが取れる設計にしなくては空中でひっくり返って墜落してしまう。X-14は機体の重量を支えるメインの噴射口が底部に一ヶ所開けられていた。その噴射口を重心位置そのもの、つまり**機体の中心部に持ってくる**必要があった。

その結果、X-14は**機首にエンジンを持つ**という、ジェット機としてはなんとも奇妙な機体となった。２発のエンジンが並んだその顔は**豚を連想せずにはいられない**。この噴射口には噴射の方向を切り替える装置が付けられており、**垂直に飛び上がった後、前方に向けて飛び立つ**ことができた。

X-14は１９８１年に事故で損傷するまで実験に使用され、現在は個人の博物館で保管されているようである。

特殊飛行機 NO.053

NAL 飛鳥

【日本の短距離離着陸実験機】

日本

垂直に飛び上がるタイプの飛行機を**垂直離着陸機**といい、短い滑走路でも飛べる飛行機のことを**短距離離着陸機**という。どのくらいで短距離と言えるか、というのは一概には言えないのだが（小型機と大型輸送機ではそもそも滑走距離が違うため）、短くて済むのならそれに越したことはない。たとえば短い滑走路しかない孤島や地方の飛行場に、緊急に大量の物資を運ぶ必要がある場合、**滑走路が短いために大型輸送機が使えないのは困る**。そこで機体規模の割に短い滑走距離ですむ短距離離着陸機が**世界中で研究されている**のである。

70年代後半から80年代初めに、日本の**航空宇宙技術研究所NAL**が開発を進めていたのが、**短距離離着陸実験機「飛鳥」**である。短距離離着陸機にはいくつかの形式が考えられる。エンジンの排気を専用ダクトで下向きに吹き付けながら滑走する方法や、翼後端のフラップを大きく下向きに展開し、ジェット排気をそこに当てて下向きの流れを作る方法などである。

飛鳥が採用したのはジェット排気が翼の上面を通る構造にし、**コアンダ効果**で気流が翼の曲面に沿って下向きに流れることで揚力を増す方法である。そのため、通常は翼から吊り下げられるエンジンが、飛鳥では**主翼前縁に直接くっついている**。ただし、この方法では機体

［NAL 飛鳥　DATA］【初飛行】1985年　【全長】29m　【全幅】30.6m　【最高速度】592km/h　【乗員】4名（※写真はかがみはら航空宇宙科学博物館で保管の実機）

の後半が先に浮き上がろうとして機首が下がり気味になる欠点がある。そこで飛鳥の水平尾翼ではスラットという揚力を増す部品が、元になったC－1輸送機の水平尾翼と逆さまに取り付けられている。つまり**お尻を押し下げようとする力を働かせる**ことで、機首下げを防いでいるのである。

結局のところ、その後飛鳥の直接の後継に当たる短距離離着陸機が実用化されることはなかった。**「でかい飛行機を飛ばしたければ大きい滑走路を作ればいい」**という根本的な問題解決策があったためで、開発当初に思われたほど短距離離着陸機の需要が、機体そのものと制御ソフトを新規開発してまではなかったためである。

飛鳥の機体は現在、かかみがはら航空宇宙科学博物館に保存されている。

特殊飛行機 NO.054

【日本初の飛行成功】

人力飛行機リネット号

日本

地上から自力で離陸し、しかも自らの筋力だけを頼りにプロペラを回して飛行するのが**人力飛行機**である。理屈はいたって簡単で、操縦手がペダルを漕ぐとプロペラが回る構造にしておけばよい。しかし、人力飛行機での飛行はなかなか成功しなかった。何がそんなに難しいのか。パワーのない人力飛行機は滑走の速度が期待できないため、大きな翼を持たせて低速でも揚力が発生するようにしなければならないが、翼を大きくするとそのぶん重くなる、という矛盾に陥ってしまうのである。**「飛ぶために飛べなくなる」という矛盾を解消するには、緻密に設計された機体が必要**であった。

１９６３年、日本航空界の重鎮である**日本大学の木村秀政教授**は、航空技術者を目指す学生にどのような課題を課すのが最も良いか考えていた。そこで目をつけたのが人力飛行機である。当時はイギリスのデ・ハビランド航空機会社など一部のチームが成功していたに過ぎず、日本ではまだ誰も人力飛行に成功していなかった。木村教授と学生たちは３年を費やして機体を作り１９６６年、ついに**人力飛行機リネット号**を完成させる（リネットとはムネアカヒワという小鳥のこと。茂みに隠れ低空を飛ぶ）。

初飛行に成功したリネット号（写真：朝日新聞社）

[リネット号　DATE]　【初飛行】1966年　【乗員】1名

リネット号は長大な主翼に短い胴体、斜め後ろに突き出した機体尾部に尾翼とプロペラが取り付けられた、一風変わったデザインをしていた。操縦手は寝そべった形でペダルを漕ぐ**リカンベント方式**で、機体は細い網状のフレームに外皮を貼った構造で、大きさの割に軽かった。

調布飛行場での記録挑戦では、主翼の両端を補助役の人間に持ってもらい、徐々に加速し、ついに**距離約15メートル、高さ約3メートルの飛行に成功**した。これが**日本初の人力飛行機の飛行成功**だった。

数字だけ見れば大したことはないかもしれないが、これがきっかけでその後、日本大学やその他のチームで盛んに人力飛行機が製作され、数多くの優れた人材が輩出されることになるのである。

特殊飛行機 NO.055

アエロベロ アトラス

【人力ヘリコプターの挑戦】

カナダ

飛行機を人力で飛ばす試みは、短い距離であればいくつか成功例があり、現在ではアマチュアや学生でもかなり高性能な人力飛行機を作ることができるようになった。

しかし、これがヘリコプターとなると、**なかなか成功する機体は現れなかった**。人力飛行機は、機体を浮揚させる揚力の大半を翼が出してくれる。人間は翼が揚力を失わないように、ひたすらペダルを漕いでプロペラを回転させ、機体を前進させることに集中すれば良い。

しかしヘリコプターの場合、揚力のすべてをペダルの回転から引き出さなければならず、人力だけで機体を浮かせるならば、巨大なローターを非常に軽く作り、それらを支える機体も羽のように軽くせねばならない。大型のローターでないと必要な揚力が発生せず、大型化すると重くなるという矛盾が解決できず、人力ヘリコプターはなかなか登場しなかった。

人力ヘリコプターの賞である**「シコルスキー人力ヘリコプター賞」**が１９８０年に創設されたものの、なんと**１９８９年まで数センチ浮かぶ機体すら登場しなかった**。１９８９年に初めて浮上した**「ダビンチⅢ」も最高高度はわずか20センチ**だった。受賞の条件は「一度以上高度３メートルに到達、60秒間以上浮上し続ける」なので、まったくお話にならなかった。

[アエロベロ　アトラス　DATA]【初飛行】2013年【メインローターの直径】約20m【乗員】1名（※画像はアエロベロ社の動画より）

だが、ついにこのシコルスキー賞を獲得するチームが現れる。カナダのトロント大学のOBと学生からなる**「チーム　アエロベロ」**である。アエロベロは世界最速の自転車でも知られるベンチャー企業チームで、そのアエロベロが送り出したのが**人力ヘリコプター「アトラス」**だった。

アトラスは**全幅が49・9メートルもある巨大な機体**だが、なんと**重量は55キロ**しかない。機体の大部分は極細のケーブルで支えられており、まるで蜘蛛の巣のようである。その構造から、遠くから見るとローターと人間が座る部分しか見えない。アトラスはその驚異の軽さで見事に浮上し、初のシコルスキー賞獲得の栄冠を手にした。ただし、操縦者は体重72・6キロ以下で、**脚力が常人の2倍必要**だそうである。

特殊飛行機
NO.056

【驚異の超長時間飛行への挑戦】

NASA ヘリオス

アメリカ

みなさんご存知の通り、太陽電池は光が当たると電気を発生させる装置である。そこで、こう考えたことはないだろうか。

「地上では曇りの日もある。だが、雲の上に出れば昼間は必ず晴れである。もし太陽電池で飛ぶ飛行機を作って高高度を飛ばしたら、何日でも何週間でも飛び続けるのではないか」

１９９８年、ＮＡＳＡの研究機関の一つ**ドライデン飛行研究センター**は、民間企業の**エアロバイメント社**と共に、太陽電池を搭載し長時間飛行し続けることが可能な**ソーラープレーンの開発**を進めていた。この機体の実現のために開発された無人実験機が**ヘリオス**である。

ヘリオスは写真で見ると小型の実験機に見えるが、実際には**幅が75メートルもある。**機体は翼と各種機器が詰まったポッドだけで構成されており、そこに14基（改良後は10基）のプロペラが付いており、電動モーターによってこれらを回した。**電源は太陽電池と燃料電池**で、燃料電池の作動で発生する水を太陽電池の電気で電気分解し、再び水素を取り出して燃料電池を作動させることも考慮されていた。この仕組みを使えば、昼間は**太陽電池で飛行しながら水素を生成**、夜は**燃料電池を反応させて取り出した電気で飛行**できた。

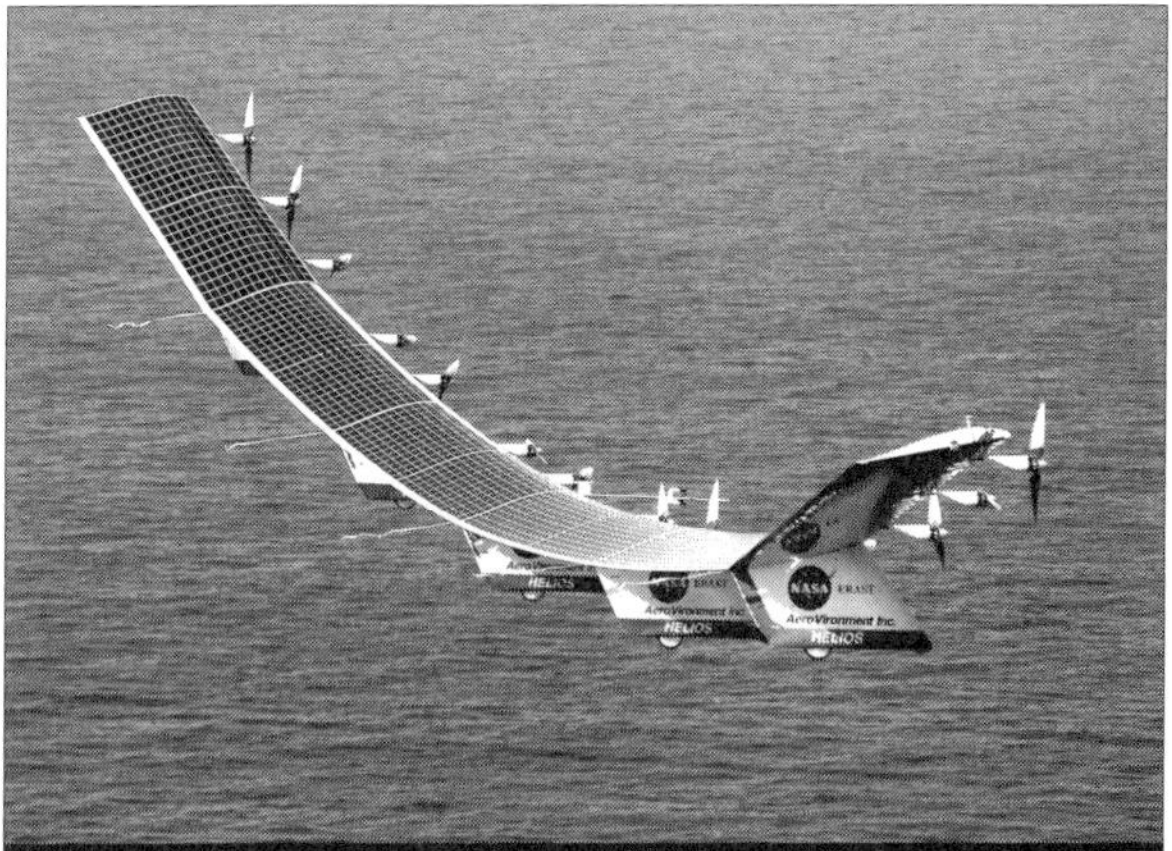

［NASA ヘリオス　DATA］【初飛行】1999年【全長】3.6m【全幅】75.3m【最高速度】40km/h前後【乗員】なし（無人）

ヘリオスは、大気の安定した**高高度を6ヶ月間**飛び続けながら人工衛星の代わりに電波の送受信や各種観測を行ったり、火星探査の際に火星の大気の中でも飛べように研究されていた。

実際、この機体は**上空約2万9000メートル**という驚異的な高度に到達したこともある。これはロケット機でないと到達困難とされる高度であり、**プロペラ機が到達したのはまさに驚異**である。この高度の大気は火星の薄い大気に似ており、火星を飛行するための貴重なデータが取れた。

だが、2003年6月、ヘリオスはハワイ近海を試験飛行中に**空中分解を起こす**。発泡スチロールやプラスチックのフィルムでできた超軽量の機体は粉々になったが、**主要部品の回収は成功した模様**である。

特殊飛行機 NO.057

【無着陸世界一周への挑戦】

グローバルフライヤー

アメリカ

飛行機の歴史は**移動距離を求める歴史**であり、飛行機の発達史もまさに**航続距離を伸ばす挑戦の歴史**といえる。古くはドーバー海峡横断飛行に成功した**ルイ・ブレリオ**、大西洋横断の**リンドバーグ**、**パングボーンとハーンドン**の太平洋横断などである。

しかし、いくら飛行機の航続距離が伸びても、**「パイロット単独」**で**「無着陸で」「世界一周」**となると、そう簡単には行かなかった。長距離を飛ぶ場合、**操縦は二人以上が交代で行うのが普通**である。一人での挑戦となると途中で休憩がまったく取れない。リンドバーグが大西洋を横断した際は相棒がいなかったため、**危うく居眠りから墜落する寸前**だった。もし飛行機で無着陸世界一周を行うなら、大量の燃料が搭載できるだけでなく、操縦手が疲労で意識を失う前に地球一周ができるほどのスピードも必要だった。

これに挑戦したのが大富豪で冒険家の**スティーブ・フォセット**である。フォセットはヴァージン・アトランティックの後援を受けてスケールド・コンポジッツ社のバート・ルータンに設計を依頼、2005年に完成したのが**世界一周専用機グローバルフライヤー**だった。

グローバルフライヤーは繊維強化プラスチックなどの強靭で軽い素材でできている。3つ

飛行するグローバルフライヤー

［グローバルフライヤー　DATA］【初飛行】2005年　【全長】13.44m　【全幅】34.75m　【航続距離】41,466km　【乗員】1名

の胴体が主翼で結ばれた構造をしており、真ん中の胴体には操縦席と小型のジェットエンジンが、左右の胴体には巨大な燃料タンクが搭載されている。離陸時の機体重量の83パーセントが燃料の重さだったというから、**ほとんど空飛ぶ燃料タンク**である。

グローバルフライヤーは２００５年にアメリカはカンザス州サリナから**67時間かけて世界一周**、再びサリナに着陸することに成功した。さらにこれに飽き足らず、２００６年には長距離を飛行し続ける記録に挑戦、**４万１４６７キロを76時間45分飛び続けてさらに世界新記録を達成**した。

数々の栄光を手に入れた富豪冒険家フォセットだが、悲劇的な最期が待っていた。次の冒険の準備中、愛機が墜落し行方不明に。そして**08年に遺体が発見**されている。

特殊飛行機 NO.058

【最後の命綱】
打ち上げ脱出システムLES

アメリカ

冷戦の始まりは宇宙開発競争の始まりでもあった。二大超大国アメリカとソビエトは、威信をかけて最新技術の象徴である宇宙開発に乗り出した。宇宙ロケットの性能は、相手国を核攻撃できる**大陸間弾道ミサイルの性能そのもの**であり、いわば**壮大な威嚇行為でもあった**。

１９６１年、ソビエトが**ガガーリンの飛行**によって有人宇宙飛行で先んじていたその頃、アメリカでも有人宇宙飛行の準備が着々と進んでいた。

この時使われたのが**マーキュリー宇宙船**であり、打ち上げ用のロケットは弾道ミサイルを改良して作られた**レッドストーンロケット**である。しかし、この宇宙船には問題もあった。打ち上げるのは核弾頭ではなく人間である。何らかのトラブルが発生した場合に備えて脱出手段が必要だった。だが、戦闘機のような射出座席の使用には問題もあった。ロケットは爆発した際の威力が大きく、遠くまで離れないと巻き込まれる。そもそも高温のガスを吹き出すロケットから身一つで飛び出すこと自体、**炎で炙られる可能性があり、危険なこと**だった。

そこで考え出されたのが、人間が乗っている宇宙船の再突入カプセルの上に小型ロケットを取り付けるという方法である。ロケットの一番てっぺんに何やらアンテナのようなものが

[打ち上げ脱出システム（アポロLES）DATA]　【高さ】10.058m　【直径】67cm　【地上での作動時到達高度】1,200m

ついているのを見たことがあるのではないだろうか。あれは**アンテナではなく脱出装置**である。ロケットに不具合が発生した場合、あの緊急脱出用のロケットに点火し、再突入カプセルを本体の宇宙船から切り離し、**脱出ロケットの下にぶら下げて一目散にロケットから離れる**のである。

この緊急脱出装置は**「打ち上げ脱出システムLES」**と呼ばれ、マーキュリーのほか**アポロ宇宙船にも取り付けられている**。また、ロシアのソユーズにも使われ、実際に使用された例がある。機体の構造上スペースシャトルには取り付けられなかったが、乗員を保護する仕組みがないのはスペースシャトルの欠点でもあった。

現在開発中の**新型宇宙船オリオン**では再びLESが使われることになっている。

特殊飛行機 NO.059

【小さな一歩のために】

月着陸研究機ＬＬＲＶ

アメリカ

1960年代、アメリカはある巨大計画の準備を進めていた。**アポロ計画**である。**人類を月面に送り込む**この計画には2つの乗り物が欠かせなかった。人間を月軌道まで送り、無事に地球に戻す**宇宙船**と、宇宙船から切り離されて月面に着陸、再び上空に戻る**着陸船**である。

宇宙船の開発はいわば、それまでの宇宙技術の応用であり、難関ではあったがするべきことはわかっていた。実際、着陸する11号の予行演習にあたるアポロ8号は月を周回して地球に生還している。**問題は着陸**である。月には大気がほぼないので、**パラシュートも翼も使えない**。揚力も発生しなければ空気抵抗もないからだ。**降下速度を落とすには下向きにロケット噴射をするしかない**が、有人機を軟着陸させるノウハウなどなかったし、また飛行士に着陸の練習をさせるための機体も必要だった。そこで、まずは地球上でジェット噴射で空中に浮いて着陸もする機体を作ることになる。

これが**「月着陸研究機ＬＬＲＶ（ルナ・ランディング・リサーチビーグル）」**である。製作はヘリコプターや垂直離着陸実験機の開発で知られる**ベル・エアクラフト社が担当**した。

ＬＬＲＶはアルミニウム製のフレームに下向きにジェットエンジンを搭載し、これを噴射し

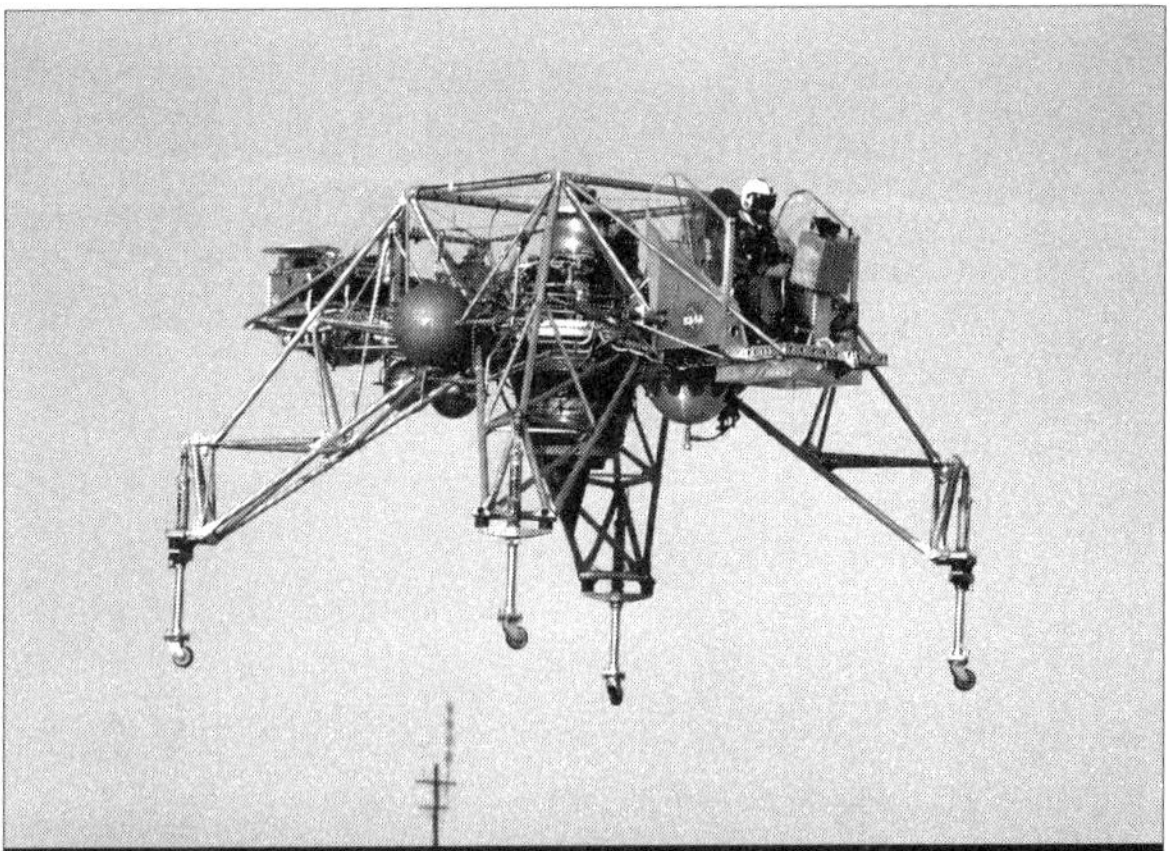

［LLRV　DATA］【初飛行】1964年　【全長】6.85m　【全幅】4.6m　【乗員】1名

て機体を浮かせることで月面の低重力を再現、別に取り付けられた小型のロケットエンジンを操作し、噴射方向を操作することで浮遊した機体を降下させ、月着陸をシミュレートする装置だった。

のちにアポロ11号の船長として、人類初の月面着陸を成功させることになる**アームストロングもＬＬＲＶで訓練**をしていた。しかしこの訓練の最中、ＬＬＲＶがコントロール不能になるという事故が発生、**機体は墜落し爆発炎上**した。すんでのところで射出座席で飛び出したアームストロングは**「舌を噛んだだけ」で済んだ**という。

事故は起きたもののＬＬＲＶは飛行士の訓練に貢献し、アームストロングは**「ＬＬＲＶでの訓練がなければ、着陸は成功しなかった」**と賞賛している。

特殊飛行機 NO.060

スカイラブ計画

【壮大な余り物利用計画】

アメリカ

人類を月面に送るというアポロ計画が始まったのは1960年代で、無人機を打ち上げる、月を周回するなど地道な積み重ねのすえ、やっと**11号が月面に降り立ったのが1969年**。この着陸は大変な話題となり、全米がお祭り騒ぎになったが、**大衆は冷めやすい**。具体的な月面利用計画がなかったこともあって、やがて**無駄遣いではないかという声が噴出**。結局、**アポロ計画は17号で中止**され、サターンVロケットも使い道がなくなってしまう。

しかし、宇宙計画自体が中止されたわけではない。実はアポロ計画が始まった頃から、サターンVロケットを利用して**宇宙実験室を軌道上に打ち上げられないか**、という案は出されていた。そこにアポロ計画中止が発表されたことで、だったら余ったサターンVで宇宙実験室を作ってしまえ、と始まったのが**スカイラブ計画**である。

1973年に打ち上げられたスカイラブはサターンVロケットの3段目を改造して、人間が生活できる与圧スペースにし、太陽電池や実験、観測機器を据え付けたものである。〝改造した〟と聞くといかにも急造品のような響きがあるが、サターンV自体が高層ビル並みの超大型ロケットだったこともあり、スカイラブは**従来の宇宙船とは比較にならないほど広く**

宇宙空間に浮かぶスカイラブ

［スカイラブ計画　DATA］【打ち上げ】1973年【落下】1979年

快適だった。なにしろアポロ宇宙船では狭い操縦席に3名が押し込まれていたのに対し、スカイラブは高さ25メートル、2階建ての船内を3名で使用したのだ。元々長期間の滞在を視野に入れていたため、スカイラブは**シャワーまで完備**し、宇宙食もきちんとした「食事」と呼べるものになり、**メニューは70種類**もあったという。**室内は21度に保たれ、シャツを着て生活できた**。

飛行士の第一グループは28日間滞在、第二グループは59日間滞在し、**宇宙空間でクモがどう巣を張るか**などを観察した。第三グループは84日間にわたり滞在している。スカイラブ計画は4号まで行われ、1974年に計画が終了、スカイラブ本体は、1979年に大気圏再突入により完全破棄されている。

特殊飛行機
NO.061

【日本が取り組む宇宙への夢】
ＲＶＴ・９再使用ロケット実験

日本

宇宙開発には**莫大なお金がかかる**。使う機器がすべて特注品で広い場所や巨大設備が必要、何よりも衛星を宇宙まで打ち上げるロケットを、高額な製品なのに**使い捨てにせざるを得ない**、というのが最大のネックになっている。これを打破して**再使用可能な宇宙船を目指したのがスペースシャトル**だが、整備費に莫大な金がかかり**計画としては失敗**、現在はアメリカの**ファルコン９ロケット**が自動着陸能力によって再使用可能な段階に入りつつある。

実は日本でも再使用可能なロケットを目指して、実験機が作られていた。日本の**ＪＡＸＡ（宇宙航空研究開発機構）**が、ロケットエンジンで飛行後、高度を下げてロケット噴射によって減速、着陸するための実験機を**１９９９年から飛ばしていた**のである。

最初はむき出しのフレームにエンジンと燃料タンクが取り付けてあるようなものだったが、エンジンの耐久性向上、ＧＰＳによる航法など、新型実験機を開発するたびに少しずつ性能を上げていき、２００３年に完成したのが**ＲＶＴ＃３**である。ややこしいのだが、一般的には実験計画の番号をつけて**ＲＶＴ・９**と呼ばれることの方が多い。ＲＶＴ＃３は＃１の時のようなフレームに取り付けられたエンジン、燃料タンクを、空力的に計算された円錐形

［RVT-9　DATA］【飛行試験実施】2003年　【全高】約3.5m　【重量】約500kg
【到達高度】42m【乗員】なし（無人機）

のカバーで覆ったものである。

ＲＶＴ＃３の任務は**垂直に数十メートル上昇し、無事に着陸することだけ**である。しかし、言うのは簡単だが、エンジンの噴射を緻密にコントロールできなければどこへ飛んでいくかもわからず、高度なロケットエンジン技術が必要だった。幸い、ＲＶＴ＃３は問題なく実験をこなし、最高で**高度47メートル、20秒間エンジンを噴射し17秒間飛行し、着陸することに成功**している。

残念ながら、予算がつかずこの実験の成果を応用した新しい実験機をすぐに開発することができず、アメリカのファルコン９に先行されることになってしまったが、日本でも研究は続けられており、２０１５年には新型実験機の心臓部となる**エンジンの技術実証試験が完了**している。

特殊飛行機 No.062

【驚異のリサイクルロケット】

ファルコン9

アメリカ

ロケットというと宇宙を飛んでいるイメージがあるが、**本来は貨物を宇宙に打ち上げるのが役割**で、**搭載した燃料が尽きると切り離されて投棄される運命**にある。性質上、どうしても使い捨てにせざるを得ず、これが**宇宙開発に多額の予算がかかる原因の一つ**になっていた。

かと言って打ち上げに使ったロケットを回収して再使用するのは困難である。これを行おうとしたのがスペースシャトルだが、打ち上げに使う補助ブースターはパラシュートで海に落下させ、船で取りに行く必要があり、本船の方も地上に帰還するたびに莫大な費用をかけて再整備しなければならず、結局**通常の使い捨てロケットよりコストがかさんでしまった**。

そこでアメリカの宇宙開発企業**スペースX社**が開発したのが、**「ファルコン9ロケット」**である。ファルコン9はそれ自体優れた打ち上げ機で、国際宇宙ステーションへ何度も**補給船ドラゴン**を送り出すことに成功している。二段式のロケットとしても低価格だが、**切り離し後に1段目が自動着陸**するという機能を持っているのが最大の特徴である。

ファルコン9の後端部分には折りたたみ式の着陸脚が装備されており、着陸時にはこれが展開して機体を支える構造になっている。再使用前提の打ち上げの際は着陸用の燃料を残し

［ファルコン9　DATA］【初飛行】2010年（初期型）【全高】70m（改良型）【低軌道投入能力】22.8トン（改良型）

ておかねばならず、打ち上げ能力が低下するが、全体のコストのバランスを見て、**使い捨てか再利用か選択できる余地があること自体画期的**であった。

しかし着陸は技術的なハードルが高く、最初はなかなか成功しなかった。打ち上げて二段目を切り離したロケットが、高空から戻ってきて着陸するというのはあまりに突飛すぎて、**世間の反応も半信半疑**だった。

だが、２０１５年、ファルコン9の**改良型が地上基地に無事着陸**したのを皮切りに、**洋上施設への着陸も成功**させるなど、徐々に完成された技術になりつつある。２０１７年現在、回収されたロケットを試験的に再使用する段階にある。２０１７年4月には**再使用されたロケットの再着陸にも成功**している。

【飛行機よもやま話3】

高度との戦い！　航空機エンジンの歴史

皆さんはこんな疑問を持ったことはないだろうか。なぜ大型旅客機はジェットエンジンで飛ぶのだろうか。なぜプロペラがついていないのだろうかと。

もちろん、昔は旅客機にもプロペラがついていた。アニメ映画『魔女の宅急便』のオープニングに登場したハンドレページH・P・42などは戦前のプロペラ旅客機の代表的な機種の一つである。当時はジェットエンジンがなかったので、ジェットエンジンを載せようがない。当時使われていたのは自動車やバイクと同じレシプロエンジンである。ライト兄弟がガソリンエンジンを採用して以来、第二次大戦の末期にジェットエンジンが完全に実用化されるまで、ほとんどの飛行機はレシプロエンジンを搭載していた。

第一次～第二次世界大戦時には、飛躍的に飛行機は発展し、より遠くに、より高く飛ぶようになったが、そこで大きな問題が立ちはだかる。

空は上空に行くほど空気が薄くなる。空気を吸い込んで燃料を燃やしているエンジンにとって、空気が薄いことは大問題である。高度が高くなるほどエンジンは性能を発揮できなくなってしまうのだ。これは特に爆撃機や戦闘機で問題になった。低空しか飛べない爆撃機は高射砲の餌食だし、もし敵爆撃機が高空を飛べた場合、迎撃に出た戦闘機が性能で負けて

第二次世界大戦で日本軍を苦しめたP51ムスタング。高性能の過給器を積んでいた。

追いつけない可能性がある。

そこで、エンジンに取り付けられたのが「過給器」である。通常のエンジンでは燃焼の際のピストンの動きで自然に吸い込まれていた空気を、動力を用いて羽根車を回し、掃除機のように吸い込んでシリンダー内に押し込んで行く装置である。エンジンの回転を利用するものをスーパーチャージャー、排気の圧力から回転力を取り出すものをターボチャージャーという。この装置は軍用機の性能に決定的な影響があり、高度が高くても性能が落ちない米軍機に、日本軍機は苦戦することになる。しかし、いずれにせよ、レシプロエンジンは限界に来ていた。たしかに過給器を使えば薄い空気を圧縮して濃くできるが、空気は圧縮されると温度が上がる性質があり、今度は冷却器（インタークーラー）が必要になったのである。もともと膨張している熱い空気をシリンダーに入れて燃焼させると効率が悪く、高温の空気で混合気を作ると異常燃焼が起こるなど問題が起きるからである。

このように、高い空をレシプロエンジンで飛ぶには過給器と冷却器が必要であり、その上プロペラで進む方式では原理的に音速近くで推進力が出なくなり、速度を上げることができず、そのままでは飛行機の性能は頭打ちになる。

そこに登場したのがジェットエンジンである。ジェットエンジンは圧縮機で圧縮した空気を燃料と混ぜて燃焼させ、燃焼ガスを噴射。その圧力でタービンを回転させて圧縮機を回すというサイクルで高圧の燃焼ガスを吹き出し、反作用を発生させるエンジンである。エンジンそのものがいわば過給器であり、同じ出力ならレシプロエンジンより格段に軽くできた。また、噴射の反作用で飛ぶため、プロペラのように速度に空力的な限界がなかった。高空も飛べて速度を出せるジェットエンジンは、飛行機にぴったりのエンジンだったのだ。

ただし、ジェットエンジンはコストが高いため、低空を飛び遅くて構わない、いわゆるセスナなどの小型ビジネス機やスポーツ機は、今でもレシプロエンジンを使用している。

ちなみに、現代の旅客機にはプロペラはないが、その代わり巨大な換気扇のようなファンをジェットエンジンで回す「ターボファンエンジン」が主流であり、その意味では、プロペラのようなものを持っているとも言えるのである。

第四章 知られざる〝迷〟輸送機の世界

特殊飛行機
NO.063

【親機の上に子機を乗せて】

ボーイング747シャトル輸送機

アメリカ

1981年、アメリカで画期的な宇宙船が実用化される。**スペースシャトル**である。

それまでの宇宙船は使い捨てで、ロケットで宇宙に打ち上げると、帰還時には**機体表面のアブレータ**（あえて燃えて気化することで船体を熱から守る素材）を消耗しながら降下、地上に戻る頃には**表面は黒焦げ**になっていた。これに対しスペースシャトルは耐熱タイルに覆われた、いわば**巨大な耐熱グライダー**で、帰還時は減速しながら大気圏の空力加熱に耐え、ある程度高度が下がってからは滑空しながら地上の基地へと戻る。スペースシャトルは（少なくとも当初の計画では）**戻って来たシャトルを整備すれば再利用可能**なため、劇的に宇宙への輸送コストが下がるという、まさに画期的な計画だった。

だが、この計画には問題があった。打ち上げはフロリダのケネディ宇宙センターからしかできないが、帰還する飛行場は気象条件など様々なリスクを考えて世界各地に散らばっていた。だが、**シャトルの往還機は自力で飛行することができない**。つまり、ケネディ宇宙センター以外に着陸した場合、この全長37・24メートルの精密機器の塊を安全に速く運ぶ仕組みが必要となる。そこで考え出されたのが、傑作旅客機として知られるボーイング747を改

［ボーイング747シャトル輸送機　DATA］【改造】1976年　【全長】70.5m　【全幅】59.7m　【最高速度】約650km/h　【乗員】4名

造し、**シャトルを上に載せて飛べるようにした特殊な輸送機**である。

この輸送機は機体上部にシャトルの船体支持用の柱を取り付けたもので、これをシャトルにつないで固定、そのまま飛行することができる。安定性を強化するため、旅客機型にはない**垂直安定翼**が追加されている。この機体は基地からのシャトルの輸送のほか、ロールアウトしたばかりの新品のシャトルをケネディ宇宙センターへと運ぶ役割も担っている。

しかし、シャトルが当初の期待を裏切り、**使い捨て宇宙船よりコストがかかる**ことから２０１１年に退役となり、それに伴ってシャトル輸送機も退役となった。最後の輸送飛行は**シャトルの船体を、博物館の最寄りの空港へと運ぶ任務**であった。

特殊飛行機
NO.064

【ロケットを輸送せよ】

VM-T輸送機

1970〜80年代、冷戦が最高潮に達する頃、米ソ両国は宇宙開発でもしのぎを削っていた。ロケット技術も発達し、宇宙往還機、すなわち**スペースシャトルの実用化**も進んでいた。あまり知られていないが、ソ連にも**ブラン**というソビエト版スペースシャトルがあった。

アメリカにしてもソビエトにしても、宇宙機を運用するにはクリアしなければならない問題があった。当たり前だが、宇宙船を作る工場と打ち上げ基地は別の場所にある。また、スペースシャトルは必ずしも打ち上げ基地に帰還するとは限らない。つまり**宇宙船を基地まで輸送する輸送機が必要になる**のである。

ソビエトではこの難題を解決するのに、巨大な輸送機を作ることにした。これが**VM-T"アトラント（大巨人）"**である。VM-TはM-4爆撃機の空中給油機型に巨大な垂直尾翼を装着し安定性を高め、機体上部にブランシャトル1機もしくは巨大コンテナを搭載する設計になっていた。このコンテナにロケットの部品を入れて輸送するのである。その威容は写真を見れば一目瞭然、**正気の沙汰とは思えない**。高速性を高めるために極限まで機体をシェイプしたM-4に、本体より明らかに図太いコンテナを載せた姿は**あまりにバランスが悪い**。

ソビエト

［VM-T輸送機　DATA］【初飛行】1981年【全長】51.2m【全幅】53.6m【最高速度】500km/h【乗員】5名

見た目だけではなく操縦性も劣悪で、時速947キロ出せた速力が半分に低下しており、コンテナが横風を受けるとバランスを崩し、コンテナを外した状態でも巨大すぎる垂直尾翼によって機体の運動性が損なわれ、離着陸時に横風を受けると流されるなど、**危険極まりない機体だった**。この機体を見た西側の関係者は衝撃を受け、理屈上可能だからといって実行してしまう**ソビエト的な合理主義に慄いた**という。

もっとも、肝心のブランの開発が中止されたことと、よりまともな**世界最大の輸送機アントノフAN・225**が完成したこともあり、VM・Tの居場所はなくなる。しばらくは比較的小型のコンテナで輸送に従事していたが、89年に退役、以降はショーでの展示が主な任務のようである。

特殊飛行機
NO.065

【頭でっかち輸送機】
ATL・98カーベア

イギリス

第二次大戦が終わった1940年代後半、イギリスでは戦時中に開発された**ブリストルタイプ170**が民間向けの輸送機として使われていた。島国であるイギリスでは欧州大陸との旅客の行き来は途切れることはなかったが、当時はまだユーロトンネルもなく、船か飛行機に頼るしかなかった。

タイプ170は20人の乗客と3台の普通車を輸送することができた。これはいわば**空飛ぶカーフェリー**であり、実際のフェリーより格段に早く目的地につけるため、それなりの需要があった。だが、タイプ170は本来、軍用輸送機であり旅客の大量輸送時代には適しているとはいえず、50年代には機体も古くなってきた。そこで、航空機メーカーの**アヴィエイショントレーダー社**は、**英国と欧州大陸を結ぶ新型貨物機を計画**する。一から機体を開発するよりも既存の実績のある旅客機に貨物スペースを増設した方が効率的で信頼性も高い。

そこで白羽の矢が立ったのが、旧式だったが容易に手に入り信頼性の高い旅客機**ダグラスDC・4**である。DC・4は標準的なプロペラ式の旅客機で、車を積めるような貨物スペースはない。そこで機首部分を大幅に拡大し、車の積み下ろしができるドアを設置した。

[ATL-98　DATA]【初飛行】1961年【全長】31.27m【全幅】35.82m【最高速度】400km/h【乗員】2名+乗客85名または乗用車5台及び乗客22名

これがアヴィエイショントレーダー**ATL・98カーベア**である。1961年に完成したATL・98は見ての通り、非常に奇妙な姿をしている。機首に乗用車を載せる貨物スペースとドアを用意する一方、後半のキャビンは普通の旅客機と変わらず、安定性を増すため大型の垂直尾翼を装備している。そのため**全体がちぐはぐで頭でっかち**であり、漫画のようなユーモラスな姿となった。内部の座席構成を変更でき、乗客を目一杯乗せれば85名、乗用車5台を積み込むとキャビンに22名の乗客を乗せることができた。

見た目は奇妙なATL・98だが、短距離路線に使えば貨物機としても旅客機としてもそこそこの能力があり、**21機が生産され欧州やアメリカなどで活躍**している。

特殊飛行機
NO.066

【飛行機を輸送せよ】
エアバス ベルーガ

イギリスほか

第二次大戦後、本土に受けた被害の大きさから考えた場合に、事実上、一人勝ちのような状態になっていたのがアメリカである。

国内の産業が無傷だったアメリカはその豊富な国力もあって、平和な時代が訪れると民間用の旅客機を作り出す。ボーイング、ダグラス、ロッキードなどの航空機メーカーが津波のように自社製品を送り出し、**西側の旅客機は多くがアメリカ製**という状況になっていった。

この状況に危機感を持った欧州の航空機メーカーは、一大連合を組んで対抗することを決断。フランス、西ドイツ、イギリス、スペインの航空機メーカーが合流して**国際的な統合企業「エアバス」が誕生**する。後にアメリカの旅客機メーカーは統廃合の結果、ボーイング1社となり、**エアバス対ボーイングの半ば政治的な激しい競争が行われる**ことになるのである。

そうして激しい開発競争を繰り広げた両社だが、実はエアバスの製造現場では**ボーイングの輸送機が大活躍**していた。各国で作業を分担しているエアバスは、旅客機のパーツを最終組み立て工場に空輸する必要がある。だが、巨大なパーツを空輸できる輸送機はそうそうなく、結局は不倶戴天の敵であるボーイング社の旅客機を改造した**巨大輸送機「スーパーグッ**

［エアバス　ベルーガ　DATA］【初飛行】1994年　【全長】56.15m　【全幅】44.84m　【最高速度】約800km/h　【乗員】2名+47トンの貨物

ピー」を使わざるを得なかったのだ。

だが、スーパーグッピーが老朽化してくると、今度は技術力を蓄えたエアバス自身で輸送機を作ろうということになり、完成したのが**ベルーガ**（シロイルカ）である。

用途が同じなせいか全体のフォルムはスーパーグッピーと似ているが、ベルーガはスーパーグッピーのターボプロップエンジンと異なり、傑作大型ジェットエンジンとして知られる**ゼネラル・エレクトリックCF6を2発搭載**している。プロポーションも気流の流れを緻密に計算しており、**時速800キロ、最大積載量47トン**とスーパーグッピーを超える性能を持っている。

ベルーガは現在も**飛行機の部品などを運ぶ輸送機として活躍中**。日本に名画「民衆を導く自由の女神」を運んだこともある。

特殊飛行機 NO.067

アラドAr232

【ムカデ足で着陸せよ】

ドイツ

1939年、ドイツ航空省は航空機メーカーの**アラド社**に対し、中型輸送機の試作発注を出す。当時、輸送機は前線に素早く物資を輸送するのに欠かせない戦力となっていたが、いささか厄介な問題があった。

当然ではあるが、地上部隊が展開している場所に、必ずしも都合よくきれいに整備された飛行場があるわけではない。着陸可能地点といっても、**せいぜい草が短い平原といった程度のもの**で、地面にある程度のデコボコがあっても仕方がなく、**ラフな着陸にも耐える機体が必要**だった。一方で輸送機は貨物を満載しており、床が高いと荷物の積み下ろしに支障が出て、底面を下げると不整地では腹を擦って滑走できない。

この厄介な難問に対するアラド社の回答が**Ar232**だった。Ar232の機体そのものは、まとまったデザインの中型輸送機である。低い床面に油圧で開閉する扉を設けてあり、**現在の戦術輸送機とほぼ変わらない優れた設計**だ。しかし、単にそれだけでは、不整地への着陸問題を解決できない。Ar232の最も画期的で狂気じみた点はその機体の底面にある。

Ar232は通常の3本の着陸脚の他に、**実に11組もの補助輪を一列に機体の腹に装着**し

［アラド Ar232　DATA］【初飛行】1941年　【全長】23.5m　【全幅】33.5m　【最高速度】338km/h　【乗員】4名+歩兵8名以上

ているのである。デコボコした不整地に着陸する際は、主脚をやや縮めて11個の補助輪とともに機体を支え、着陸脚のタイヤの一つや二つが凹凸に足を取られても、他の車輪が支えて事故を防ぐというわけだ。

あまりに奇怪な構造ではあるが、実際に使用してみると**当初の狙い通りに機能した**ようである。しかし、Ａｒ２３２が完成し量産が開始された頃には、このような戦術輸送機の必要性が薄れてしまっていた。ドイツが守勢に回り、**遠い前線に物資を運ぶという任務自体が減り始めていた**のである。

結局、Ａｒ２３２の量産は打ち切られ、少数生産された機体は**アラド社で細々と部品輸送に使われた**ようである。ただし、機体の性能は申し分なく、本機を接収したイギリス軍も戦後、物資輸送に使用している。

特殊飛行機 NO.068

【ソビエト式垂直離着陸機】

カモフKa-22垂直離着陸機

垂直離着陸機を研究していたのは米英などの西側だけでなく、**ソビエトでも垂直離着陸機の研究が行なわれていた**。ソビエトには**カモフ設計局**というヘリコプターメーカーがあった。西側のような営利目的の航空機メーカーではないので、政府の設計局ということになる。

そのカモフ設計局が１９５０年代後半から60年代の初めにかけて開発したのが、垂直離着陸輸送機の試作機**Ka-22**である。Ｋａ-22の外見は見ての通り、ややチグハグな印象を受ける。縦長の機首に短い主翼、何より翼端のエンジンナセルに前進用のプロペラと上昇用のローターが両方ついている。

これはＫａ-22の**飛行原理上、やむを得ない姿**だった。Ｋａ-22はいわば飛行機とヘリコプターとオートジャイロの合いの子である。前進することで主翼に発生する揚力で飛び上がるのが飛行機、ローターを回転させて飛ぶのがヘリコプター、前進してローターを空転させて揚力を発生させるのがオートジャイロだが、**Ka-22はそのすべてを兼ね備えていた**。

離陸の際はエンジンでローターを回転させてヘリのように離陸、上昇するとクラッチを切り替えて徐々にローターからプロペラに動力を移して水平飛行を始め、水平飛行中のロー

ソビエト

［カモフ Ka-22　DATA］【初飛行】1959年　【全長】（胴体長）27m　【全幅】（主翼）約25m　【最高速度】356km/h　【乗員】6名

ターはオートジャイロのように空転して、主翼とともに揚力を発生させる。この機構のおかげで**時速356・3キロ**と、ヘリと比べてかなりの速度が出せたし、**16トンの荷物を載せて2000メートル上空まで上昇**する能力があった。ちなみに機首が縦長なのは、貨物入口の上に操縦席があるためで機首の貨物扉は航法士室と一体化しており、航法士室もろとも扉が動く構造だった。

その性能は大いに期待されたが、結局Ｋａ‐22は実用化されなかった。試作1号機が飛行中、左側のローター角度を操作する部品の破損から空中でバランスを崩し、**裏返って墜落**。生産された**試作機4機すべての同じ部品に破損**が見られ、さらに**3号機まで事故を起こした**ことから、Ｋａ‐22の開発計画は中止されてしまった。

特殊飛行機
NO.069

【性能のために本分をなくす】

ドルニエDo31

ドイツ

第二次大戦が終わると、日本と同様に、ドイツも**航空機の開発を占領軍によって禁止**された。技術者の多くが他業種に移るなど、航空技術が散逸することになったが、その中で航空機メーカーの**ドルニエ社**は、**技術陣を中立国のスイスやスペインに移転。１９５４年に研究が解禁**されるとドイツに帰還させた。

当時の西ドイツは、第三次世界大戦が発生した場合に主戦場になることは間違いなく、日本のように呑気に軍備反対などと言っている場合ではなかった。当時最も恐れられていたのは、**軍事基地を核攻撃で潰されること**であったため、ドイツも滑走路不要の垂直離着陸機を研究し始める。そしてドルニエが１９６７年に完成させたのが**垂直離着陸機Ｄｏ31**だった。

Ｄｏ31はいわば中型の輸送機で、核攻撃で基地が失われても物資の運搬ができることが期待されていた。

主翼には機体の規模には不釣り合いなほどの**巨大なエンジンポッド**が取り付けられているが、これはジェット排気の吹き出し方向が変わる**推力変向式のエンジン**と、機体を持ち上げる時にのみ使う**リフトエンジン**で、これのおかげでＤｏ31は当時の垂直離着陸試作機の中で

［ドルニエ Do31　DATA］【初飛行】1967年　【全長】20.53m　【全幅】18m　【乗員】2名+兵員36名

も安定したパフォーマンスを発揮して見せた。しかし、結局、Ｄｏ31は採用されず、その技術を応用した実用機も特に作られていない。

　Ｄｏ31は試作機としてはよく飛んだが、実用性という面では無視できない問題があった。中型とはいえ輸送機を垂直離着陸させるには強力な推力が必要で、Ｄｏ31は**なんと10発ものエンジンを積んでいた**。翼端のポッドに4発ずつ、推進用エンジンが2発である。このためＤｏ31は同規模の他機体からすると、何も積んでいない状態でもすでに荷物を積んでいるような重量がかかっており、載せられる**貨物量が同規模の輸送機より半減していた**のである。

　結局Ｄｏ31は試作機という枠から出ることはなく、現在は博物館に展示されている。

特殊飛行機
NO.070

【でっかいことはいいことだ】

Mi・32超大型3ローター輸送ヘリ

ソビエト

ソビエトには大きな乗り物が多い。一つには国威発揚という面もあったろうが、**世界最大の戦略原潜タイフーン級**、**超音速爆撃機Tu・160**もライバルであるアメリカのB・1爆撃機より一回り大きい。そして**世界最大のヘリコプターMi・26**である。もっとも、Mi・26が大きいのは単なるデカさ自慢ではなく、国土が広いわりに「未開」とも言えるほど開発が進んでいない地域が多いソビエトでは、**ヘリコプターは重要な輸送手段**で、重量物を運べる大型ヘリは欠かせないものなのだ。しかし、いくらMi・26が大きくても、戦車などの大重量物を運ぶのは不可能だった。

ヘリコプターが1機では運べないほど重いものを運ぶ際に、**複数機でワイヤーを引っ張って荷物を吊り下げる**方法も考えられるが、これは非常に危険であったし、乗員にも特別な訓練を施す必要があった。どうすれば安全に複数のヘリを連携させて重量物を吊れるのか。だったら**最初から3機のヘリを合体**させて、**3ローターヘリを作ればいい**じゃないか、と計画が始まったのが1970年代末ごろのことのようである。

これが**Mi・32**である。Mi・32は三角形の胴体の角にそれぞれ大型のローターが搭載さ

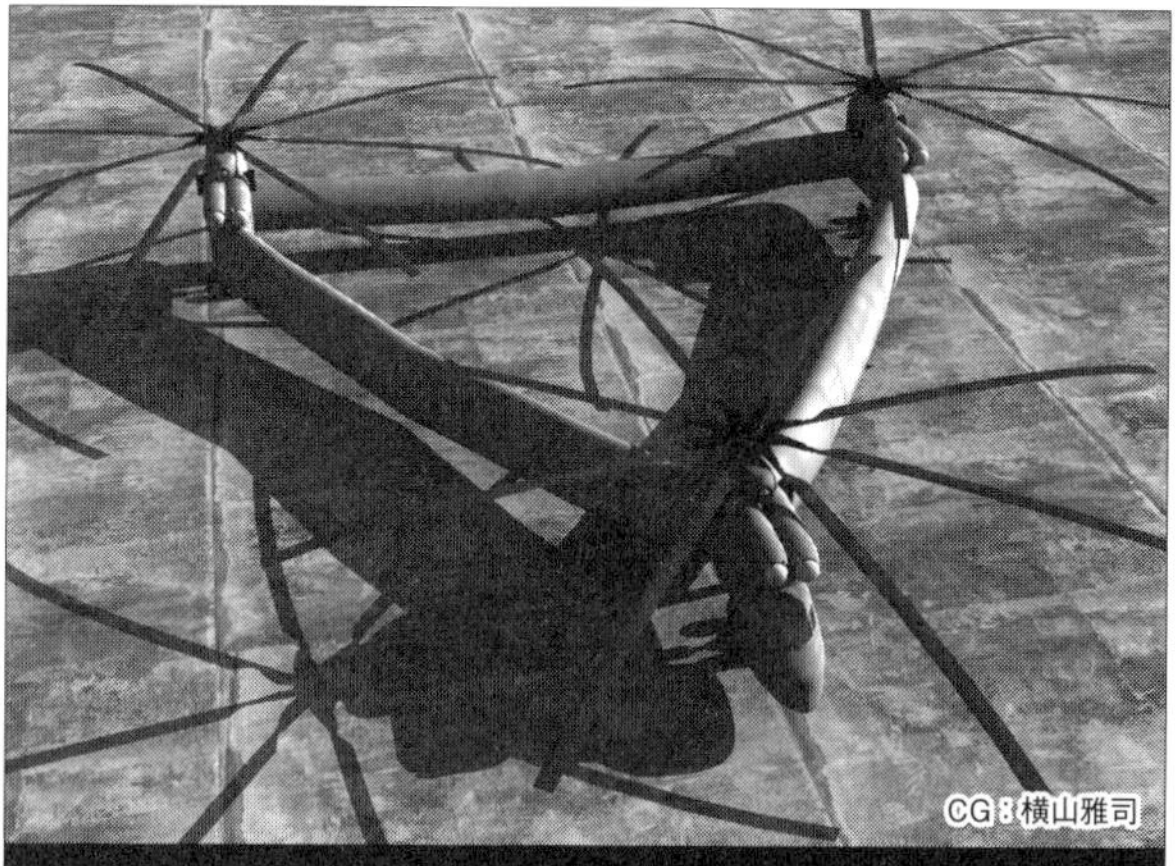

［Mi-32超大型輸送ヘリ］【開発】1970年代（※計画のみで終了）

れており、それをＭｉ‐26のものと同じ双発ターボシャフトエンジン（ガスタービンエンジン）で回す計画だった。

３機のヘリが息を合わせて危なっかしくも重量物を吊り下げることを考えれば、最初から１機で３機分のパワーがあるＭｉ‐32の方が、まだ効率的で安全に思われた。乗員は２名で、なんと**最大離陸重量１４０トン前後**と見積もられていた。Ｍｉ‐26の最大離陸重量が56トンで、機体重量を差し引いて20トンほど運べることを考えると、Ｍｉ‐32はおそらく**重さ50トンの主力戦車でも軽々と運んだ**に違いない。

しかしながら、結局のところＭｉ‐32は計画のみに終った。実現しなかった理由は不明だが、そもそもそこまで本気で取り組むつもりはなかったのかもしれない。

特殊飛行機
NO.071

【超飛行船の夢】

エアリオンⅢ

アメリカ

少しややこしい話をすると**「軽飛行機」**と**「軽航空機」**は別のものである。軽飛行機が単に**小型の飛行機**を指すのに対し、軽航空機とは空気より軽い航空機、すなわち**気球や飛行船**を指す。軽航空機は空気より軽いため、翼に揚力を発生させなくとも浮くことができ、燃料がなくなると飛べなくなる飛行機と違い、何日でも浮いていられる。逆に巨大な気嚢を持つ軽航空機は速く移動するのが苦手で、大きさの割に運べる荷物の量が少ないのが欠点だった。

これらの軽航空機と重航空機の利点を兼ね備えた航空機として研究されているのが、**ハイブリッド飛行船**である。ハイブリッド飛行船とは飛行船のような気嚢と飛行機のような翼を併せ持つ航空機のことである。飛行船の巨大な機体に飛行機のような揚力を発生させれば、**より小さなエネルギーでよりたくさんの荷物を運ぶことができる**というわけだ。

その実験のために１９６５年頃にアメリカでつくられたのが**エアリオンⅢ**である。エアリオンⅢは長方形の翼に飛行船を三つ並べて取り付けたような奇妙な形をしている。この構造によって、気嚢による浮力と翼による揚力の両方が利用できると見込まれていた。

エアリオンⅢは当時最新の航空機のはずなのに、**やけにレトロ調のデザイン**である。それ

［エアリオンⅢ］【製造】1965年頃

もそのはず、実は機体構造が20世紀初頭のツェッペリン飛行船と同じだったのだ。エアリオンⅢは金属の骨組みで内部の気嚢を支え、外皮で覆った**「硬式飛行船」**というひと昔前の構造を採用していた。

「三つの気嚢を持つ機体」というのも、19世紀にあった実験的な気球のアイデアがもとになっており、実質的にその後継機種とも言える。

ようするに**19世紀のアイデアを20世紀初頭の構造で作った**のだから、機体がレトロ調になるのも無理はない。

エアリオンⅢの情報は非常に少なく、どのような運命を辿ったのかははっきりしない。しかし、どうやら**地上試験中に横風に煽られて転倒**し破損、**1967年に解体された模様**である。

特殊飛行機 NO.072

【超巨大飛行物体への挑戦】

エアリオン26

アメリカ

エアリオンⅢの実験が不発に終わったエアリオン社だが、すぐに次のハイブリッド飛行船の開発に入る。次に注目したのは**「リフティングボディ機」**である。この本でも何度か登場しているが、航空機を翼のように揚力が発生する形状にすることで、ごく小さい翼を持つだけでも飛ぶことができる。この仕組みをハイブリッド飛行船に取り入れようというのである。

コンセプトは**「飛行船のような気嚢で浮力を得て、リフティングボディ機のようにその気嚢でさらに揚力を発生させる」**という、大量輸送用の貨物機としては理想的な機体だった。

実験機としてまずは小型のリフティングボディ機を作ることになり、完成した実験機が**エアリオン26**である。エアリオン26は三角形で湯たんぽのような膨らみを持つ機体である。中身はがらんどうで、アルミ製の骨組みを外皮で覆った構造だった。機体の後ろにエンジンを載せて、プロペラを回して駆動した。

１９７１年の3月に本格的な試験飛行に成功し、より巨大な、より実用型に近い機体の開発も現実的に可能である、という試験結果を得ることができた模様である。

この結果を元に計画されたのが**ダインエアシップ**という巨大な三角形の飛行船である。

［エアリオン26 DATE］【初飛行】1971年

これはいわば、巨大な気嚢をリフティングボディ機の形に作って飛ばすことで、強力な持ち上げ能力を得ようという計画で、全長およそ**300メートル**の機体を作れば、**3000トンを超える貨物が輸送可能**と見積もられていた。現在世界最大の輸送機であるアントノフ**An・225の最大積載量がおよそ300トン**と言われているので、途方もない輸送能力だった。

しかし、この計画は実現しなかった。あまりにも壮大すぎて資金が集まらなかったのである。計画の責任者ウィリアム・ミラーは軍関係者に**「君は30年早かったね」**と言われたそうである。

現在類似の機体としてはイギリスのエアランダー10があるが、こちらも試験中に事故が発生するなど、前途多難のようである。

特殊飛行機 NO.073

【横長すぎ飛行機の使い道】

ハインケルHe111Z

時は第二次世界大戦中の1940年、ナチスドイツは来るべきイギリス、ソビエト領内侵攻作戦において、一つの解決しなければならない問題を抱えていた。**遠く離れた戦闘地域への物資の迅速な輸送**である。輸送トラックでは遅いし、輸送機では一度に運べる荷物が少なすぎる。当時の輸送機は、現代からすればせいぜい中型のプロペラ機でしかなかった。考えた末、超大型輸送グライダーを生産し、これを動力付きの飛行機に牽引させることになる。ユンカース社とメッサーシュミット社の2社が木製と鋼管羽布張りの試作機の製作を受注し、それぞれ**空前の規模の巨大グライダー**の開発に乗り出した。そのうちユンカース社が作り上げたのが、本書でも紹介している**ユンカースJu322**である。

一方のメッサーシュミット社の試作機はあまり奇抜な構造にするのを避け、鋼管に羽布張りという、いわばグライダーの王道のような構造とし、ただひたすら巨大化させた**Me321グライダー**を作り上げ、こちらが正式に採用されることになる。

だが問題は残されていた。このような巨大グライダーは普通の飛行機では非力すぎて引っ張れないのである。Bf110重戦闘機3機で引っ張る方法も試されたがあまりに危険すぎ

ドイツ

［ハインケル He111z　DATA］【初飛行】1941年　【全長】16.4m　【全幅】35m　【最高速度】435km/h　【乗員】4名

るため、牽引専用の大型機が必要となった。

そこで、ハインケル社の**双発爆撃機ハインケルHe111**を2機繋ぎ、そこにエンジンを1発追加して**双胴5発というシュールな機体**を作り上げる。これは生産タイプZ型、**ハインケルHe111Z・1〝ツヴィリング（双子）〟**として完成した。

この機体は実際にMe321を牽引する任務にもついたが、輸送機を運用するのに牽引機が必要なのはやはり効率が悪く、Me321は自力で飛行ができるよう6発のエンジンと不整地用の着陸脚を装備し、**巨大輸送機Me323ギガント**として運用されることになり、Z型はお役御免になる。

その後、爆撃機型のZ・2として生産されることも計画されたが実現せず。He111Zはほとんど活躍せずに消えた。

特殊飛行機
NO.074

【マンモスは飛ばず】

ユンカースＪｕ３２２〝マムート〟

ドイツ

１９４０年、ドイツ空軍はイギリス侵攻計画を視野に入れ、メッサーシュミット社とユンカース社に**超大型輸送グライダーの試作機を発注**する。輸送グライダーとは、貨物や人員を乗せ、動力付きの飛行機に牽引されて飛ぶ輸送機のことである。これらの輸送グライダーは簡易な構造にするのが普通で、使い捨て同然に強行着陸するなど荒っぽい使い方もされた。

空軍の要求は**「20トンの貨物が運べる機体」**であり、２機の試作機のほか、量産機98機の注文まで入っていた。火砲や軽戦車をも航空機で素早く展開させることを狙っての要求だったが、これは当時の常識の４～５倍もの輸送量だった。この要求に対し、メッサーシュミット社が開発したのがＭｅ３２１グライダーで、のちにエンジンを取り付けられ**巨大輸送機Ｍｅ３２３〝ギガント（巨人）〟**として採用される。

一方、ユンカース社が開発したのが**Ｊｕ３２２〝マムート（マンモス）〟**である。マムートは機体のほとんどが全幅62メートルの**木造の翼そのもので構成**され、そこから後方に短い胴と尾翼が突き出している、という破天荒なデザインだった。貨物は主翼の中に収めるようになっており、その底面にソリが付いていてこれで着陸した。離陸時にはタイヤのついた台

［ユンカース Ju322 DATA］ 【初飛行】1941年 【全長】30.25m 【全幅】62m 【乗員】3名＋兵員140名

車に乗せて、曳航機に引っ張られて飛ぶ手はずだった。しかし、実際に作って見ると**機体の強度不足が判明**、補強すると今度は重量が増して**積荷量が16トンに減少**してしまう。さらに荷重テストで戦車を機内に入れてみると、**今度はなんと床が抜け、最大積載量は11トンにまで低下**。挙句、飛行試験でバランスを崩し、危うく曳航機を巻き込んだ大事故を起こしかけ、結局、マムートが実用化されることはなかった。

現代では**「マンモスなんて名前をつけるから絶滅するんだ」**と揶揄されるJu322。マンモスは古代には大繁栄していたが、Ju322にはついに栄光の時代はこなかった。ちなみに2機の試作機と98機分の部品は解体され、**すべて薪として燃料にされた**そうである。

特殊飛行機
NO.075

【偉大なる失敗例】

ヒラーX・18

アメリカ

　1960年代初め、冷戦が激化していた頃、アメリカ軍は垂直離着陸輸送機の仕様要求を各航空機メーカーに開示したが、それに先立つ1956年、アメリカ海軍が垂直離着陸輸送機の実験機をヘリコプターメーカーの**ヒラー社**に発注していた。当時は航空機の技術がかなり進歩しており、**そろそろ垂直離着陸輸送機も作れちゃうんじゃないか、作れるものなら作っておこう**と考えたようだ。という雰囲気が関係者の間に広がっていたらしく、

　その中でも、翼の角度を垂直に変更して上昇する**「ティルトウィング機」**ならば、より簡単に実現できると考えられていた。単純に考えれば、ものすごく強力なエンジンを取り付けた主翼を、90度上に向かせる構造にすれば、機体は持ち上がって上昇する。上空で翼を水平位置に戻せば機体は普通に飛行するはずだ。

　こうして作られたのが**X・18**である。X・18はYC・122C輸送機の胴体を流用し、その内部に機体のコントロールに使う姿勢制御噴射用のエンジンを搭載している。**主翼は90度上を向く構造**になっており、そこにあの**XFY・1ポゴ**にも搭載していた**XT40ターボプロップエンジン**を左右にそれぞれ1基ずつ搭載、その馬鹿力で機体を持ち上げる計画だった。

［ヒラー X-18　DATA］【初飛行】1959年　【全長】19.2m　【全幅】14.6m　【最高速度】407km/h　【乗員】3名

1959年、完成したX-18はエドワーズ空軍基地で通常の飛行機の様に滑走して離陸することに成功した。飛行機として飛べることは確認されたが、**それ以上先に進めなかった**。

X-18のように左右に別々に独立したエンジンを載せた場合、左右のエンジンの出力バランスが少しでも偏ると、出力が強い方のエンジンが先走って機体が傾き、**あらぬ方向へ機体が飛ばされてしまう**のである。**この不安定さは構造上解決不可能**で、結局**X-18は一度も垂直に上昇することはなく**、1961年に事故を起こして以降**地上試験専用**となった。X-18の構造上の失敗を教訓にして、その後に開発されるティルトローター機では左右のプロペラをシャフトで連動させる構造になっている。

特殊飛行機
NO.076

【翼を持つ翼】ブルネリ RB・1

アメリカ

20世紀初め頃、アメリカに**ビンセント・ブルネリ**という航空機の設計家がいた。ブルネリは**ある画期的なアイデア**を持っており、それを実現しようと機会を窺っていた。

通常、飛行機は揚力を発生させる主翼、人や荷物が載る胴体、そして機体の操作に使う尾翼で構成されている。もし機体により強い揚力を発生させたいと思ったら、重く空気抵抗を生む胴体は邪魔な存在になる。だが、人や荷物が運べないのなら、そもそも飛行機を作る必要はない。むしろ一度にたくさんの人や荷物を運べた方が都合がいい。しかし、胴体を太く重くすれば、揚力が足りずに飛べなくなってしまう……。

飛行機にはこうした矛盾があったのだが、ブルネリはそれを見事に解決するアイデアを持っていた。そのアイデアを現実にした試作機こそ、**ブルネリRB・1**である。ブルネリは搭載量の増加と揚力の低下防止をどのようにして両立したのか。機体を見れば一目瞭然、胴体を**翼の形**にしてしまったのだ。

RB・1の胴体は、まるで**超巨大な飛行機の主翼からケーキのように一部を切り出した**ような形をしている。これは本来なら空気抵抗を減らすために、細く作るのが当たり前の胴体

［ブルネリ RB-1　DATA］【初飛行】1921年　【全長】12.55m　【全幅】22.56m
【最高速度】177km/h　【乗員】4名+乗客30名　（※写真は改良型のRB-2）

を翼の一部として捉え、あえて横幅を大きく広げて翼断面を使うことで、**胴体もまた揚力を発生させる構造にした**のである。

これならば幅が広い分、客席の容積にゆとりができ、客席が大きいからと言って揚力が低下するわけではない。まさに一挙両得のアイデアであった。

この胴体で揚力を生み出す構造は、現在では**リフティングボディ**として知られており、後の時代に、運用上長い主翼をつけられない**宇宙往還機の構造**として盛んに研究されることになる。

しかし、クラシックな複葉機をそのままリフティングボディ化したＲＢ-１は、操縦性に問題があったようである。１９２３年には**暴風に巻き込まれ、海水を浴びて破損**、それが原因で失われている。

特殊飛行機 NO.077

【空飛ぶ車を作ってみた】

ハフナー ローターバギー

イギリス

航空機の性能が向上し、大型化すると新しい戦術が発明される。

第一次大戦までは、敵の支配地域に乗り込むには敵の防御陣を崩して強引に押し入るか、隙間から少数で浸透するしかなかった。しかし航空機の発達によって、**戦闘部隊を乗せた飛行機で一気に敵地上空に乗り込み、部隊をパラシュート降下させて敵を制圧する**戦術が使われるようになる。だがこの作戦はひとつ問題を抱えていた。パラシュート降下できる程度の重さの装備しか携行できないため、**重火器や乗り物が使えない**のである。兵士が携行できるのはせいぜい**自動小銃**くらいで、装備を入れたコンテナを見失うと拳銃と手榴弾のみということすらあった。移動手段が徒歩しかないのも問題で、**降下して以後の移動速度も遅かった。**

１９４３年、イギリス軍はこの問題を解決するため新兵器を開発する。**「空飛ぶ車」ローターバギー**である。と言っても、ローターバギーはハイテクとはほど遠い原始的な代物だった。要するに無動力のローターと後付けの尾翼をアメリカ製のウィリスジープに取り付け、飛行機で引っ張って飛ばそうというのである。

スポーツ用のオートジャイロには、簡易な骨組みに無動力のローターと尾翼を取り付け、

着陸する様子

［ハフナーローターバギー　DATA］　【初飛行】1943年　【全長】6.4m　【ローター直径】14.2m　【乗員】2名

自動車に引っ張ってもらって飛ぶものもあるので、原理的には何も問題ない。ローターバギーを飛行機に牽引させて飛行し、降下ポイントに到着したところで牽引用のロープを外せば、あとは**竹とんぼのように緩やかに着陸する**というわけだ。

ドライバーまたは同乗者にオートジャイロの操縦ができる必要があることと、重くて飛ばしにくいことなど問題もあったが、ジープ自体が頑丈な車で多少の乱暴な着地に耐えたことと、細かい改良を粘り強く行ったことで、**最終的に満足できるレベルの性能になった**という。

しかし、結局、ローターバギーが実用化されることはなかった。理由はいたって簡単なことで、**乗り物を運べるグライダーを採用したから**であった。

特殊飛行機 NO.078

フィアット７００２

【日の目を見なかったイタリアンデザイン】

イタリア

第二次大戦中に、主に軍事的要請から技術が向上し、実用化に至った乗り物の一つに**ヘリコプター**がある。大きなローターを回転させることで機体はその場に留まりながら垂直に上昇することができるため、大きな滑走路が不要で、ちょっとした広場があれば物資の輸送も可能という、**まったく新しく便利な乗り物**だった。

１９４５年に完成したアメリカの**パイアセッキPV・３**は大型輸送ヘリとして成功し、順調な発展の結果、傑作輸送ヘリである**チヌーク**を生むことになる。１９５０年代末、イタリアでも多目的に使用できる中型輸送ヘリを国産化するべきではないか、との声が上がり、イタリアを代表する企業である**フィアット**の航空機部門に試作機開発の要請がくる。これを受けてフィアットが１９６１年に送り出したのが**フィアット７００２試作輸送ヘリ**である。

７００２は奇怪な外見をしていた。まるで**ロープウェイのゴンドラにローターをつけて飛ばした**かのような四角い機体に大きな窓は、他のヘリではまず見ないような奇妙な構造である。機体中央のキャビンは椅子を設置すれば人員５名を輸送でき、乗せる装備を変更することで輸送や救難に幅広く使用できた。ローターは直接エンジンで回転させることはせず、ま

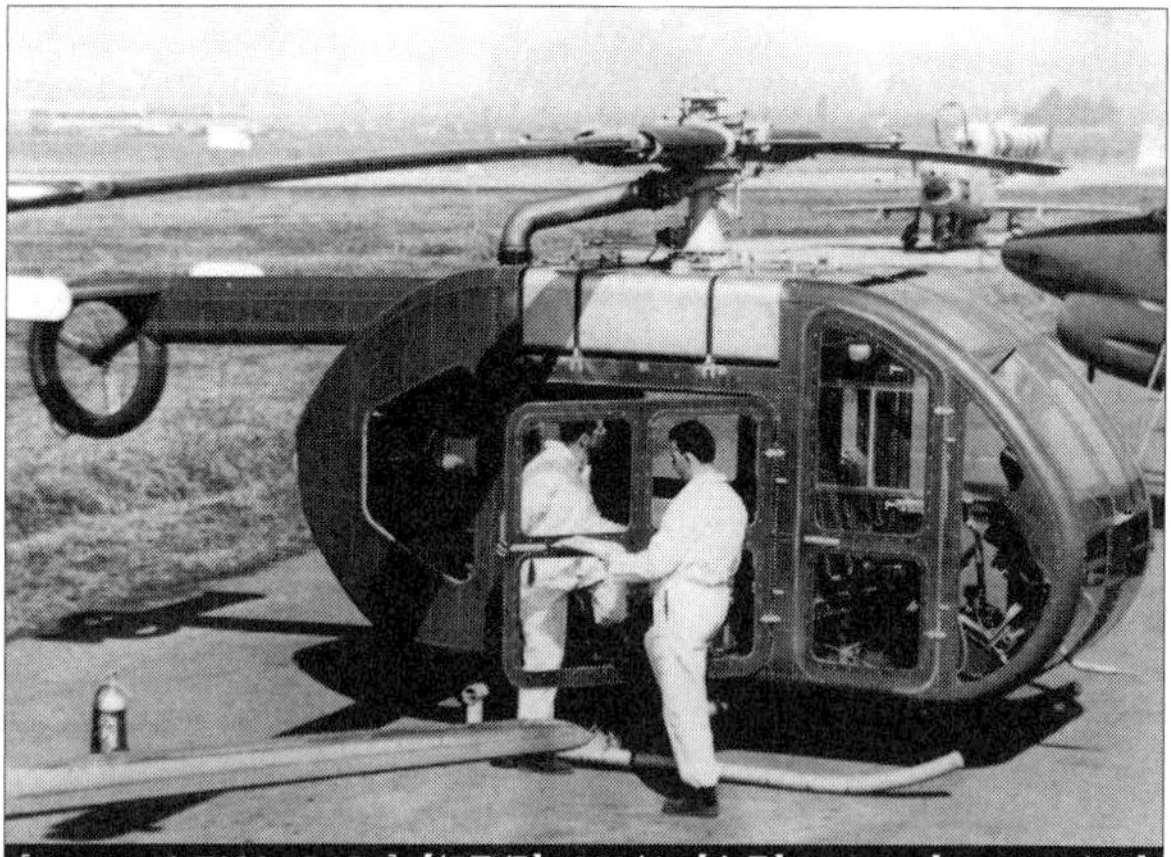

［フィアット7002　DATA］【初飛行】1961年　【全長】6.55m　【ローター直径】12m　【最高速度】170km/h　【乗員】2名+兵員5名

ず機体後部のターボファンエンジンで圧縮空気を作り、それを内部が空洞になっているローターの羽根を通して、羽根の先端から吹き出すことで回転させる構造になっていた。このため普通のヘリのような強烈なカウンタートルクがなく、**小さなテールローターで機体をコントロールできた**。

ヘリとしては極めて異質だが、**全体のデザインに独特のこだわり**のようなものが感じられ、おしゃれな乗り物としては悪くないデザインではある。しかしながらこれは軍事用を視野に入れた多目的ヘリコプターの試作機であり、**おしゃれな自家用ヘリではない**。

フィアット7002は**ヘリとしては平凡な性能の機体**で、結局追加の発注が来ることも、実用機が作られることもなかった。

特殊飛行機 NO.079

【空飛ぶ発射台】

ロケット打ち上げ機ロック

アメリカ

上空の軌道に人工衛星を投入する。これがロケットの役割であるが、ロケットの打ち上げにはどうしても制約が多くなってしまう。まず**天候に左右される**ことで、嵐が来れば当然発射できない。周囲に人口密集地があるところでも発射できない。また、当然ながら打ち上げ基地を移動させることもできないなど、**とにかく決まりごとが多い**のだ。

これらを一挙に解決する手段として考えられているのが、ロケットの**「空中発射システム」**である。現在、アメリカ、ロシア、欧州、中国などで研究が進められているが、要するに小型衛星を積んだロケットを**大型輸送機で上空まで運び、そこから打ち上げよう**というのである。上空なら好きなところまで移動できるし、気象条件も安定し、海の上なら街もない。

2011年、この空中発射を行う企業として**ストラトローンチ・システムズ社**が設立された。創業者はマイクロソフトの創業者のひとり**ポール・アレン**とルータン・クイッキーの設計でも知られる**バート・ルータン**である。

そして同社初の空中発射母機が**「スケールド・コンポジッツ　モデル351」〝ロック〟**である。ロックとはアラビアの伝説に登場する、ゾウをも掴んで飛ぶ巨大怪鳥のこと。その

［ロケット打ち上げ機ロック　DATA］【初飛行】2019年（予定）【全長】72.54m【全幅】117.35m

名の通りこのロックは翼幅約117メートル、双胴の機体を持ち、主翼にはジャンボジェットのものと同系の**プラット&ホイットニーPW4056ターボファンエンジンが6発も搭載**されている。これは予算節約のために、中古のボーイング747-400型旅客機を買ってきて解体、部品を再利用しているためである。

二つの胴体の真ん中に空中発射ロケットを吊り下げて離陸して、**上空およそ1万1000メートルから空中発射**する。打ち上げる衛星に合わせて複数の種類のロケットを使い分ける構想のようである。

2017年現在、地上試験も終わっていない段階で今後どのように計画が推移するかは不明だが、当初の計画通りなら**2019年頃に初飛行を行う予定**のようである。

【飛行機よもやま話4】

青森のリンゴと太平洋無着陸横断飛行

大西洋を横断したリンドバーグの冒険はよく知られているが、太平洋を無着陸横断したパングボーンとハーンドンの「ミス・ビードル号」の冒険はあまり知られていない。凄腕の飛行家パングボーンと出資者で富豪のハーンドンのコンビ、その出発地は日本の青森であった。１９３１年当時、横断飛行に莫大な賞金がかかり、これを狙って数々の冒険家が青森の三沢にやってきた。村人たちはボランティアで彼らの世話をしていたという。パングボーンとハーンドンも出発の準備が整うまで地元の民家に泊まらせてもらっていた。

出発の朝、機上食の一つとして村人が二人に手渡したのが、青森の名産である数十個のリンゴだった。地元の人たちの献身に感謝した二人は10月4日に日本を飛び立ち、一路アメリカへと向かった。北太平洋の上空では猛烈な寒さに襲われたが、二人はこれに耐え抜き、現地時間10月5日、奇しくも同じリンゴの名産地ワシントン州ウェナッチに着陸したのだった。

寒さのおかげで痛まなかったリンゴは、同じリンゴ産地の友情の証としてウェナッチ市民の感動を呼び、返礼としてウェナッチ産のリンゴが青森に贈られることとなる。太平洋をはさんで熱い友情が結ばれるかに思われたが、数年後に太平洋戦争が勃発。三沢とウェナッチという二つのリンゴ産地が姉妹都市となるのは１９８１年のことであった。

第五章 〝変わり者〟飛行機列伝

特殊飛行機
NO.080

【アメリカンドリームの影】
ウィリアム・ホートンのウィングレス

アメリカ

アメリカは国土が広いせいか、日本と比べて**「空飛ぶ自動車」**に対する切実な憧れがあるように感じる。国土が途方もなく広く、高速鉄道のほとんどないアメリカでは、自宅から高速道路に出て何時間も走り続けるか、空港から飛行機に乗らなければならない。自宅ガレージに収まるほど幅が小さく、近所に滑走路があればそこまで自走して飛行できるマシン、それがあれば手軽に遠くへ行くことができる。

この夢に一番近いマシンとされたのが発明家**ウィリアム・ホートン**が1950年代に開発した**「ウィングレス」**である。飛行機なのにウィングレス（翼なし）とは奇妙な名だが、この飛行機は機体そのものが翼の形をしている**一種の全翼機**である。機体の端に気流の巻き込みを防ぐ〝衝立〟があるのが特徴で、これで翼の全幅を小さくすることができた。

しかし、ホートンには研究を続ける資金がない。そこでこの機体を開発生産する株式会社を設立し、投資を募ることにした。そこに大口の投資を持ちかけてきたのが、世界有数の大富豪にして飛行機マニアだった**ハワード・ヒューズ**である。資金も調達し、試作機も無事に飛行に成功し、新時代の飛行機が飛行に成功というニュースは大々的に報じられた。

［ウィリアム・ホートンのウィングレス機　DATA］【初飛行】1952年

　しかし、そこから歯車が狂い始める。資金の多くを出資したヒューズが、**諸々の権利をすべて渡すようにホートンに要求**してきたのである。これを拒否されるとヒューズは「飛行できない飛行機に投資させられた！」と**ホートンを投資詐欺で告訴**する。

　明らかに試作機は飛んだのだからおかしな話だが、なんとヒューズの言い分が認められてしまう。アメリカがどんなに公平と正義を謳っても、金と権力で無理を通せば道理が引っ込むという**アメリカの暗黒面を象徴**する事件となった。結局試作機は破壊されてしまい、ホートンは逮捕されるという悲惨な幕切れとなった。ホートンは不当だとして戦い続け、確認できる範囲では、少なくとも**1990年代までは判決の不当性を主張**していたようである。

特殊飛行機 NO.081

【天才技師の怪作飛行機】

ルータン・クイッキー

アメリカ

1960年代、アメリカの航空技術業界に一人の若き技師が現れる。**バート・ルータン**である。彼は軍用機から民間機まで、様々な機体の研究開発に従事した。

彼の名は知らなくとも、人類初の民間宇宙観光用宇宙船**「スペースシップ・ワン」**の名前なら聞いたことがある人も多いのではないだろうか。この宇宙船を開発した**スケールド・コンポジッツ社**もまた、ルータンが**先進的な航空機を開発するために立ち上げた企業**なのである。

このように航空先進国アメリカの、さらに最先端に位置していたルータンだが、一方で主にアマチュア向けのスポーツ機の設計をも手がけていた。その作品の一つが1977年に開発された**「ルータン・クイッキー」**である。クイッキーはアマチュア飛行家が気軽に飛行を楽しめるように作られたモデルで、組み立てキットを購入して自宅で作って飛ばす、いわゆる**ホームビルド機**である。クイッキーは低コストかつ低馬力のエンジンでも軽快に飛べるように設計されており、その姿は**昆虫のようにも魚のようにも見える奇妙なもの**だった。

まず前方の着陸脚は通常の飛行機のように引き込むわけでも、昔の複葉機のように胴体に固定されているわけでもない。クイッキーの着陸脚は左右水平に伸びて主翼となり、その先

［ルータン・クイッキー　DATA］【初飛行】1977年　【全長】5.3m　【全幅】5.08m　【最高速度】203km/h　【乗員】1名

端にタイヤがついている。つまり**主翼と着陸脚を兼ねている**わけだが、この構造により空中ではデッドウェイトになってしまう着陸脚の重量を節約している。その後方、魚のように滑らかにカーブした胴体の中央に主翼があり、その後方に垂直尾翼はあるが水平尾翼はない。つまり**主翼が前後に二つあるタンデムウィング機**である。

機体が軽く全高も低いので、簡単に乗り込むことができた。搭載されたエンジンの出力はわずか18馬力と、中型バイク程度だったが、この低馬力エンジンのおかげで燃料タンクも小さくてすみ、より機体を軽くすることができた。

1978年からクイッキーの組み立てキットは販売され、これまでに**1000機以上が販売された**ようである。

特殊飛行機 NO.082

【手作りで未来機を作る男】

ファセットモービル

アメリカ

　国土が広く、飛行機が広く普及しているアメリカでは、アマチュアが自宅のガレージで飛行機を作る、いわゆるホームビルド機が趣味として普及している。なかには本職の研究者が個人の楽しみや研究として**ホームビルド機を製作**することもある。そのような研究者のひとりに**ノースロップ・グラマン社**に勤務する**バーナビー・ワインファン**がいた。

　ワインファンは空気力学の研究者で、仕事の傍ら、仲間とともに**「自動車のように利用できる、安価で高性能な飛行機」**の研究を始める。ワインファン曰く、

「飛行機の値段は車のようでなくてはならない。家のようではなくね」

とにかく安価で安全な飛行機を追求したワインファンと仲間たちの機体は、写真を見れば一目瞭然、もはや一般的な飛行機の形をしていなかった。形状としては空軍やNASAが大気圏再突入用に研究していた**リフティング・ボディ機**に近い。また平面の組み合わせのみで構成されているため、**F・117ステルス攻撃機**にもよく似ている。もちろん、ステルス性を考慮しているわけではなく、単純な平面の組み合わせによるデザインにすることで、コストを下げる狙いがある。レーダー波の反射方向を考慮して平面構成となったF・117とは

［ファセットモービル　DATA］【初飛行】1993年　【全長】5.94m　【全幅】4.6m　【最高速度】178km/h　【乗員】1名

まるで理由が異なるが、平面構成で飛べる飛行機をデザインした結果、偶然にも似てしまったのだ。

内部はアルミ製の金属管を組み合わせた骨組みに羽布を張っただけという、凧か第一次大戦機の飛行機のような単純な構造だが、それゆえにコストも安く、その全翼機的なデザインのおかげで内部も比較的広い。飛行にも成功し操縦性も悪くなかったそうだが、残念ながら飛行中にエンジンが故障し、**地上の有刺鉄線フェンスに突っ込むという事故を起こし大破**した（ワインファンは無傷だったそうである）。

ワインファンは事故に懲りるどころか、優れた乗員保護能力をこの機体の長所の一つと捉え、現在、新型機ＦＭＸ－５の製作資金を募っている。

特殊飛行機
NO.083

【挫折したSFメカ】
ヒラーVZ・1ポーニー

アメリカ

1950年代、アメリカで特殊な飛行機械の実験が行われていた。小型ローターを取り付けた一人乗りの乗り物に兵士を乗せ、**空飛ぶ歩兵にしてしまおうという計画**だ。アメリカで最初に実用化に乗り出したのは〝空飛ぶパンケーキ〟XF5Uを設計した**チャールズ・ジマーマン**である。彼の研究に興味を持った海軍研究所が、正式に軍のプロジェクトとして航空機メーカー各社から試作アイデアを募集し始める。この乗り物は**「フライング・プラットフォーム」**と呼ばれた。どうやら海兵隊の上陸侵攻作戦に有効だと判断したようである。

これに応募したメーカーの一つに、ヘリコプターメーカーの**ヒラー社**があった。ヒラー社の**試作機VZ・1ポーニー**は、ある意味でフライング・プラットフォームの当初のアイデアに最も近い、一人乗りの飛行機械だった。本体はダクトに覆われた二重反転式の小型ローターで、その上に一名の操縦者が立って操縦した。操縦者の周りには手すり状のハンドルがあり、それに**掴まって体重を移動させることで、好きな方向に移動**できた。のちに**手放しでも安定して静止**できるように改良され、乗りながら銃を撃つこともできた。

ポーニーは6機の試作機が作られ、飛行試験が行われた。見るからに未来の乗り物に見え

［ヒラー VZ-1　DATA］【初飛行】1957年　【直径】2.54m　【最高速度】26km/h　【乗員】1名

るし、実際に飛行にも成功していたが、結局はポーニーは採用されなかった。

たしかにポーニーは空中で静止できたが、**身を隠すところのない空中で静止していては簡単に撃墜されてしまう**。ポーニーの最高速度は**時速26キロ**に過ぎなかった。もちろん直接的な戦闘ではなく偵察などには使えただろうが、ポーニーの小型のローターは効率が悪く、**常時高速回転させなければ飛行する能力が維持できない**。これは同じ仕組みで飛ぶフライング・プラットフォーム全体が持つ原理上の欠点だった。

結局思ったほどの実用性は得られず、**フライング・プラットフォームの開発計画自体が中止**されてしまう。製造された6機のうち2機は、現在博物館に展示されているようである。

特殊飛行機
NO.084

【20秒間だけのスーパーマン】
ベル ロケットベルト

アメリカ

人間誰しもが自由に空を飛びたいと願うものだが、飛行機械はどうしても巨大になりがちだ。熱気球は無論、一人乗りの小型機ですら幅５、６メートルはある。その大きさや、滑走が必要なことなどから、**どこでも自由に飛ぶというわけにはいかない**。

それは軍事用という、より現実的な要求の中でも同じことだった。自由に空を飛ぶ兵士がいたら凄いに違いないが、その手段がなかったのだ。

これを実現させようと、アメリカの航空機メーカー・ベル社が開発したのが、個人用の飛行ロケット**「ロケットベルト」**である。１９５０年代からベル社内で開発が進められていたのだが、60年代にアメリカ軍がこの研究に興味を示し、**一時は本気で開発に乗り出していた**。

ロケットベルトの動力源は背部のタンクに詰められた**過酸化水素**である。過酸化水素は窒素ガスの圧力によってパイプの中を通り、触媒に接触して高温高圧の水蒸気になる。その吹き出しノズルと直結したハンドルを動かすことで自由に旋回したり任意の場所を狙って着陸したりできた。吹き出す水蒸気が高温のため、**飛行の際は耐熱服を着る必要があった**。

ロケットベルトのデビューは華やかだった。お偉方の前で飛び回ってアピールすることが

［ロケットベルト　DATA］【初飛行】1960年

できたし、各国で大衆の話題をさらうこともできた。

しかし、**アメリカ軍は後にロケットベルト開発から正式に撤退**する。ロケットベルトは人間が装着するものである以上、携行できる燃料の容量が限られ、**わずか20秒しか飛ぶことができなかった**。エンターテインメントのショーならそれでもいいが**軍事的な価値はゼロ**だったのだ。また、飛行高度が低く、パラシュートが開く前に地面に激突するため、**空中で燃料が切れたらそのままあの世行き**という重大な欠点もあった。

結局、ロケットベルトはショービジネスの世界で活躍することになった。一番の晴れ舞台は**1984年のロサンゼルスオリンピック**。オープニングセレモニーで飛行したことがよく知られている。

特殊飛行機 NO.085

【空飛ぶ連絡艇】パイアセッキPA-59H／N

アメリカ

　1950年代半ば、アメリカ陸軍はジープのように少人数の部隊を乗せて、低空を自由に飛び回る**「空飛ぶ軍用車」の開発を計画**。これを**「フライング・ジープ」**と呼んで各メーカーからアイデアを募った。それらメーカーの中に、初のタンデムローター輸送ヘリを作り上げた**フランク・パイアセッキ**と、彼が新たに起こした**パイアセッキ航空機会社**があった。

　パイアセッキは陸軍の提案に対して、**垂直離着陸機PA-59**、陸軍での名称**VZ-8P**で応える。これは大型のダクテッド・ローターを前後に配置した機体で、操縦手や人員、貨物などはローターの間にある座席に配置される。ちなみにジープの本来の綴りは「JEEP」だが、パイアセッキの機体には**「GEEP」**と書かれている。これは単に商標権の問題らしい。VZ-8PはそのSF映画のような外観とは裏腹に、問題なく飛行して見せた。

　PA-59は海軍にも売り込まれ、機体底部に海面に浮くためのフロートを装着し**「シージープ」**と呼ばれるようになる。シージープは多目的な使用が想定され、洋上での艦艇間の人員の移動や海上での救助など、様々な任務に就けることが大きなアピールポイントだった。単に空飛ぶ機械として見れば、PA-59はまともに飛んだし、人を運ぶこともできた。し

Piasecki Aircraft社のHPより

[PA-59H/N　DATA]【初飛行】1962年　【全長】7.45m　【全幅】2.82m　【最高速度】136km/h　【乗員】2名+兵員3名

かし、結局、**VZ・8Pもシージープも採用されることはなかった**。そもそもフライング・ジープ構想自体に無理があったのだが、PA・59はヘリに比べて**運用コストが高かった**。PA・59のダクテッド・ローターは、ヘリのローターと同じだけの揚力を出すのに、より強力なエンジンとより多くの燃料が必要で、**同じ作業をするならヘリの方がより安く済む**のである。

その差が問題にならないほどの利点があればよかったが、**PA・59にできることは大概ヘリにもできてしまう**のである。

フライング・ジープ構想にはベルやカーチス・ライト、ベンセンなどの航空機メーカーのほか、自動車会社のクライスラーまでが参加したが、とうとう実用化に至った機体は一つもなかった。

特殊飛行機 NO.086

【円盤ヘリコプターへの挑戦】

アストロV ダイナファン

アメリカ

20世紀初頭、ルーマニアに**アンリ・コアンダ**という科学者がいた。コアンダはジェット機の研究者で、（製作された中で）**世界初のジェット機コアンダ1910の開発**で知られている。この機体は事故で失われ飛ぶことはなかったが、そこである発見がなされる。噴射した燃焼ガスが、まっすぐ流れず機体に沿って流れたのである。空気や水などの流体の噴流が周りの流体を巻き込みながら、近くにある物体の表面に沿って流れる性質があることは以前から知られていた。コアンダはこれを航空機の翼に応用することで、翼の表面の空気の流れをコントロールし、飛躍的に性能を高めることができるのに気がつく。そしてこの現象は後に**「コアンダ効果」と呼ばれることになる**のである。

さて、飛行機が離陸するのになぜ滑走が必要かというと、主翼の表面に空気の流れを作らないと揚力が発生しないからである。また、ヘリコプターがローターを回転させるのも、表面に空気を流し揚力を生み出すためである。では、その空気の流れに匹敵するものを、**静止している翼表面に吹き付けたらどうなるか**。空気はコアンダ効果によって周囲の空気とともに翼表面を流れ、気圧の勾配が生まれ揚力が発生し、翼は空中に浮かぶはずである。

[アストロVダイナファン DATA]【実験開始】1964年（※結果は失敗）【直径】2.7m

1966年にこの理論をもとにアメリカの企業**アストロキネティック社**が試作したのが**アストロV ダイナファン**である。この機体はいわばローターのないヘリコプターで、底が抜けたお椀を伏せたような形の翼を重ね、その隙間を気流が通るように内部のプロペラを回転させた。「お椀」の下に操縦席があり、**気流の流れで発生した揚力によって垂直に離陸できるはず**だった。

しかし、結局この実験はうまくいかず、コアンダ効果を利用した「空飛ぶ円盤」が実用化されることはなかった。ちなみにフランスでも似たような研究をしていた発明家がいたが、こちらも失敗に終わっている。

現在、これらのマシンに最も近く、身近な機械を例に上げるとすれば、**ダイソン社の「羽のない扇風機」**ということになる。

特殊飛行機
NO.087

【謎の実験機】
ギボーダン タンデム環状翼機

フランス

20世紀の初め、フランスに**クロード・ギボーダン**という技師がいた。ギボーダンは1900年代初頭にオートバイとオートバイ用のエンジンを作っており、いくつか現存する車両もある。どちらかというと、他のメーカーにエンジンを供給することが多かったようである。この人物については日本語で読める資料が少なく謎が多いが、どうやら**バイク用エンジンの技術を応用して、航空機用エンジンを作った**ようである。

彼が作った実験機の写真とデータが残されている。これが**ギボーダンタンデム環状翼機**である。1909年に（特許が取られ）作られた複数の実験機がこう呼ばれているようだ。

ギボーダンタンデム環状翼機は極めて特異な構造をしている。いわば前後に主翼があるタンデム翼機の一種だが、さらに**その翼は環状をしている**。戦後フランスの実験機コレオプテールやアメリカのエアロダインなど環状の翼を持つ実験機がないこともないし、しっかり計算して作れば環状の翼でも揚力が発生することも確かめられているが、タンデム翼の上に環状翼というのは**ゲテモノの重ね喰い**という感は否めない。

さらにこの機体は環状の翼をグリグリと動かすことで、機体のコントロールを行ったよ

［ギボーダン タンデム環状翼機　DATA］【製造】1909年

うである。前の翼を上下左右に動かしてコントロールしたという記述と、前の翼を上下、後ろの翼を左右に動かしてコントロールしたという記述の両方があるので、**あるいは機種によって異なるのかもしれない**。

機体は細いフレームがむき出しで、ギボーダン自らが設計したV8エンジンの回転力は減速ギアと継手を介してプロペラを回していたようである。機体は4つの車輪で支えられており、前二組みは自動車のように操舵可能である。ともすると**飛行機というよりなんらかの作業用車両にも見える**。

そして結局のところ、この機体は飛ぶことはなかった。フランスの有名な飛行士アドルフ・ペグーはギボーダンの機体を**「たった一つ恐れているのは、実際に離陸してしまうことだ」**と評したという。

特殊飛行機
NO.088

【名機の陰に消えた珍機】

ジーベル Si201

ドイツ

1935年、ドイツ航空省は軍事作戦に使用する新型の観測・連絡機の試作発注をフィーゼラー、フォッケウルフ、ジーベル、BFWバイエルン航空機製造会社に出す。この中から最も優れた機体を正式採用するつもりだった。

結論から言えば、採用されたのは後に**歴史に残る傑作連絡機**と称された**フィーゼラー社のFi156シュトルヒ**だったが、各社が一癖ある機体を持ち込んだ。フォッケウルフはイギリスのシエルバから買った製造権を使い、**オートジャイロ型の機体**を提案したが、そもそも求めていたものと違い脱落、BFWはシュトルヒに似た機体だったが、より高価で構造が複雑すぎた上、試作機の完成がすでにシュトルヒが軍の信頼を勝ち得た後だったため不採用だった。そんな中、新鋭メーカーのジーベル社は**今までにない奇抜なデザインで勝負に出た。**

ジーベル社が提案した**Si201**は、なぜそのようなデザインにしたのか、不可解としか思えない構造をしていた。おそらく視界確保のためだろうが、電話ボックスとも観覧車やロープウェイのゴンドラともつかない四角い機首と、その後ろに取り付けた推進式のプロペラ、くの字に曲がった細い胴と、**意味不明な姿**をしていた。どうやら短距離離着陸性能を

［ジーベル Si201　DATA］【初飛行】1938年　【全長】10.4m　【全幅】14m　【最高速度】185km/h　【乗員】2名

狙ったようなのだが、**実際に飛ばしてみると短距離離着陸はほとんどできなかった**。

なにしろシュトルヒが65メートルで離陸できたところを、**Si201は250メートルかかった**というのである。また、飛行中に尾翼に振動が発生する欠陥もあったらしく、ジーベルは翼を後退翼に変えた2号機を作って挽回を図ったが、**根本的な性能の低さは如何ともしようがなかった**。

なぜこのような奇抜な飛行機を作ってしまったのか、なぜもっと地に足のついたデザインにしなかったのかはよくわからないが、おそらく**新進気鋭の熱意が空回り**してしまったのだろう。むしろ謎なのは**この設計にGOサインを出したドイツ軍**である。なんのつもりでこれを競作コンペに参加させたのか、さっぱりわからないのである。

特殊飛行機 NO.089

【珍ヘリコプターと呼ばれて】

シエルバ W・9ヘリコプター

イギリス

　1940年代半ば、第二次大戦の最中にあって航空機は飛躍的な進歩を遂げていた。その渦中で、まさに実用化しかけていたのが**ヘリコプター**である。垂直に上昇でき、荷物を吊り下げて運べるヘリコプターが実用化できれば、軍事・民間で使い道は無限大と言っていい。

　ドイツでは**フォッケ・アハゲリス**や**フレットナー**、アメリカでは**パイアセッキ**や亡命ロシア人の**シコルスキー**、ソビエトでは**カモフ**がこの最新の航空機を研究し、モノにしようとしていた。そして航空先進国の一つイギリスでも、当然ヘリコプターの研究が行われていた。

　イギリスには、オートジャイロの発明で知られるスペイン人の発明家**ファン・デ・ラ・シエルバ**の**シエルバ・オートジャイロ会社**があり、回転翼機の研究では一日の長があった。シエルバの会社は機械メーカーのG&Jウィアーから出資を受けており、後に会社が再編されるとヘリコプターの開発に乗り出す。最初は骨組みが飛んでいるような**シエルバW・5**から始まった。見た目はみすぼらしいが、**世界で二番目に本格的飛行をしたヘリコプター**である。

　さて、ヘリコプターにはローターを強く回そうとする力をかけているため、空中に浮かぶと反対に胴体回転してしまうカウンタートルクというものがある。ヘリの尾部に小さなロー

[シエルバ w.9　DATA]【初飛行】1945年　【全長】11m　【ローター直径】10.97m【乗員】2名

ターがついているのはこれを制御するためだが、そのために動力や機構を必要とするのはいかにも無駄だ。そこでシエルバの新しい**実験機W・9**では、まったく別の方法でトルクの制御を試みた。

それはヘリの胴体を長いダクト状にして、エンジンの冷却用にファンが吸い込んだ気流と排気ガスをそのまま後端へと導き、これを吹き出すことでカウンタートルクを打ち消すという方法だった。そのためW・9は**煙突が飛んでいるような姿**をしている。この排気は吹き出し方を変えることで操縦にも使えた。

実験機としては役割をまっとうし、決して失敗作ではない本機だが、その**形状が男性器に似ている**ことを度々ジョークのネタにされてしまいがちである。

特殊飛行機 NO.090

【ジープの相棒は空を飛ぶ】

XH・26ジェットジープ

アメリカ

大きなローター（回転翼）を回すことで、翼に揚力を発生させて飛行するのがヘリコプターである。ローターを回転させる方法には、機体にエンジンを積む以外に、ローターの先端にジェットエンジンを載せて、その噴射で回転させる**チップジェットという方式**がある。

１９５０年代はじめ、アメリカ陸軍は手軽に輸送でき、なおかつ様々な用途に使用可能な小型ヘリコプターの仕様を提示、空軍もこれに関心を示し、この要求に基づいた実験機を**アメリカン・ヘリコプター社に発注**する。この小型ヘリコプターには、偵察や砲弾の着弾観測、車両では到達困難な地形での兵士の輸送、遭難者の捜索など、様々な任務をこなせ、かつ小型車両で輸送できることが要求されていた。

これに応えて開発されたのが、アメリカン・ヘリコプター**XH・26ジェットジープ**である。XH・26は一人乗りの小型ヘリコプターで、チップジェット方式を採用していた。この方式は、機体本体にエンジンを乗せる必要がないため、機体が大幅に小型化できた。また、機体のエンジンでローターを回転させると発生するカウンタートルク（逆方向に機体を回転させようとする力）が、ローター自体が回転力を持つチップジェットでは発生しないことも

[XH-26ジェットジープ　DATA]【初飛行】1952年【全長】3.73m【ローター直径】8.23m【最高速度】135km/h【乗員】1名

利点だった。XH‐26は分解することで陸軍のジープに牽引されたトレーラーで容易に輸送でき、**2名の人員がいれば20分で組み立てられた**という。燃料もジープと同じものが使用できたので、わざわざ専用燃料を輸送する仕組みを新たに整備する必要もなかった。

試験飛行でも見事に飛んだXH‐26だったが、結局、**採用されることはなかった**。まず**飛行時の騒音が大きく、偵察を行うには不適格**だった。**最高時速も時速130キロと遅く**、通常のヘリならば上空でエンジンが故障しても、ローターを空転させながら降下することができたが、チップジェットではこれがうまく機能しない危険があった。コスト面なども総合して、アメリカ軍はこの計画の終了を決めたようである。

特殊飛行機 NO.091

【双子のエンジン試験機】

フーガ CM・88 ジェモー

フランス

あまり一般には知られていないが、**フランスは航空先進国**であり、ミラージュ戦闘機など、**自力で超音速戦闘機を開発できる数少ない国**のひとつである。

フランスには優秀な航空機関連の部品メーカーが数多くあるが、その中に**ターボメカ（チュルボメカ）社**というエンジンメーカーがある。もともとはレシプロエンジンのスーパーチャージャーを製造していた会社で、戦後の1950年代からその技術をもとにジェットエンジンを作り始めた。

しかし、そこである問題が持ち上がった。ターボメカはエンジンを作れるものの、そのエンジンを載せてテストできる手ごろな飛行機がなかったのである。航空機用のエンジンは空気が薄かろうが、どんな角度に傾こうが、どんなGがかかろうが、正確に作動することが確認できなければ完成したとはいえない。しかし、テストのための機体を一から開発していては、あまりに費用と時間がかかる。

そこでターボメカは航空機メーカーの**フーガ**にエンジンテスト用機体の製作を依頼、これに応えて開発されたのが**CM・88**である。CM・88はスポーツ用の高性能グライダーである

[フーガ CM88　DATA]【初飛行】1951 年　【全長】6.66m　【全幅】10.76m　【最高速度】400km/h　【乗員】2名

フーガCM・8を主翼の部分で二機連結して双胴二人乗りとし、操縦手とエンジニアが同乗できるようにした機体である。その姿から**ジェモー（ふたご座）**と呼ばれた。

CM・88は1951年3月に初飛行して以来、搭載するエンジンを変更するたびにI〜Vと機体の細部を変えて飛び続けた。

その後、ターボメカは国営エンジンメーカーのスネクマ社に吸収され、スネクマが民営化されると、その一部門である**サフラン・ヘリコプターズエンジンズ**となった。

同社は中小型機用のエンジンを製造する会社で、とくにガスタービンエンジンには世界的な技術力があるとの定評がある。

今ではその筋で知らぬ者のない会社となったターボメカだが、その陰には**1機の不恰好な飛行機があった**のである。

特殊飛行機 NO.092

【曲がった主翼の効果】

カスターCCW・5チャンネルウィング

アメリカ

20世紀中頃のアメリカに、**ウィラード・レイ・カスター**という技師がいた。カスターはある日、非常に強い突風が吹いた時に納屋の屋根が浮き上がるのを観察した。下からの風に吹き上げられたのなら、屋根が持ち上げられても不思議はない。しかし、**風は屋根の上を吹いていた**のである。

実は空気には**同じ密度なら速く流れると気圧が下がる性質**がある。飛行機の翼が揚力を発生させる根本的な仕組みも、この性質を利用したものである。つまり、翼の下面よりも上面の方が空気が速く流れると、その分、**上面の気圧が下がり翼が上に持ち上げられる**のである。

カスターは、屋根ですら高速の空気に持ち上げられるのなら、翼の上面に高速の空気が流れる形状に主翼を設計すれば、非常に揚力が強く滑走距離も短くて済む短距離離着陸機が作れるのではないかと考えた。こうして開発されたのが**チャンネルウィング機**である。

チャンネルウィングとは屈曲した翼のことで、この半円形の屈曲部分の中心部分にエンジンを搭載する。この屈曲部分の内径はちょうどプロペラの直径とほぼ同じ大きさになっており、いわば**上半分がないダクト**のようなものである。

［カスター CCW-5　DATA］【初飛行】1953年　【全長】8.75m　【全幅】12.55m　【最高速度】354km/h　【乗員】1名+乗客4名

プロペラを回転させると屈曲部分に高速の空気が流れ、強い揚力が発生し短距離での離着陸も可能になるというのが、カスターの推論だった。

カスターはこの理論を研究するために実験機を作って研究を始めた。その集大成的な作品が**CCW・5**である。

CCW・5は生産まで至らなかった5人乗り軽旅客機を買い取り、新たに設計した翼を取り付けたものである。見た目は奇妙だが初飛行にも無事に成功している。

しかし、結局、チャンネルウィングは実用化されなかった。本格的な資金提供に乗り出す企業が現れず、**開発資金が底をついてしまった**のである。また、**想定したほどの性能もなかった**と考えられている。CCW・5は現在博物館に収蔵されている。

特殊飛行機
NO.093

【はじめの一歩で消えた機体】

ノール500 VTOL実験機

フランス

世界中の航空先進国で垂直離着陸機が研究されていた1960年代、フランスでも当然、同様の研究が行われていた。フランスの航空機メーカーの**ノール・アビエーシオン**では、小型軽量の機体に、不釣り合いなほど巨大なダクテッド・ファンを載せた垂直離着陸実験機を製作することにした。

これが**ノール500 VTOL実験機**である。この機体のデザインはある意味、**当時考えられていた垂直離着陸機の王道スタイル**と言える。機体内に2発セットのターボシャフトエンジンを持ち、これで左右のプロペラを回す。このプロペラはダクトに覆われており、その後端部に気流を制御する可変式の整流板が取り付けられ、機体のコントロールを担っていた。

1967年に完成したノール500は、まず地上試験で各部が正常に動くことを確認し、翌年に空中に浮かせる実験をしてみることにした。しかし、ここから先がうまくいかなかった。ノール500は初歩的な実験機でもあり、**機体がとにかく安定しなかった**。当時の実験映像を見ると、**前後左右にブルブル振動**し、**機体が傾斜してぴょんぴょん飛び跳ねてあらぬ方向を向こうとする**など、ほとんどコントロールできないことがうかがえる。実験中は着陸

［ノール500　DATA］【初飛行】1968年　【全長】6.58m　【全幅】6.14m　【最高速度】350km/h(計画値)　【乗員】1名　（写真はAIRBUS社のHPより）

脚をロープで地上に繋いでおかなければ転倒の危険があるほどだった。最高速度は時速350キロとされたが、**結局、空を飛ぶことはなかった**。もっとも、先進的な航空機の実験が最初からうまくいくはずはなく、得られたデータを元にこれから本格的な実験機を作ればいいだけのことだった。実際、改良型を製作する計画もあったようである。しかし、結局、**ノール500の改良型が製作されることはなかった**。

フランスの航空機メーカーが整理統合されることになり、ノール・アビエーシオンが統合されて**アエロスパシアル**という会社に変わる。ノール500はアエロスパシアルN500と改名されたが、もはや会社肝いりの研究ではなく、**1971年に開発中止**となった。

特殊飛行機
NO.094

【文字通り〝二つの顔を持つ〟飛行機】

コンベアNC‐131H

アメリカ

航空機技術は日進月歩で進歩していく。そのため、次々と最新機種が出現してくるわけだが、そこには一つの問題があった。どんなに飛行機が発達しても、**操縦するのは人間**である。そして飛行機は**機種によって操縦席のレイアウト、機体特性やクセがすべて異なる**。つまり、どんなベテランパイロットでも新型がどのような機体なのか、乗ってみないとわからない。また、実物を作ってしまってから、まともに動かせないほど操縦が難しすぎると判明しても手遅れになる。事前にどのような操縦特性があるか判れば便利である。

特にステルス爆撃機のように、高価な機体やこれまで乗ったこともないような特殊な機体の場合、実物を作ってからぶっつけ本番の飛行をするのはリスクが大きすぎる。このリスクを回避するには、**あらゆる飛行機の操縦特性を再現できる特殊な飛行機**が必要だった。

そのために開発されたのが**NC‐131H**である。NC‐131Hはコンベア社の輸送機C‐131を改造した機体である。C‐131は元々旅客機として設計されており、人員を輸送する、いわば当たり障りのない標準的な機体であった。NC‐131Hはこれに大幅な改造を加えている。主翼に大きな垂直の可変翼が取り付けられているのも独特だが、最も目

[NC-131H　DATA]【初飛行】1970年　【全長】24.14m　【全幅】32.11m　【最高速度】472km/h　【乗員数】４名＋乗客48名（※スペックはC-131Bのもの）

立つ特徴は、機首の操縦席の前に**さらに訓練および試験用の操縦席が取り付けられている**ことだろう。

この試験用の操縦席から機体を操縦すると、コンピュータを介して主翼の可変翼を含む、機体の各部が動き、**設定された機種の操縦特性を再現**する構造になっている。これによって、様々な航空機の扱い方を検討することも可能だった。もし操縦ミスで危険な状態になった場合は、本来の操縦席にいる操縦手が機体を立て直すこともでき、**シミュレーターとして搭乗員の育成に使うこともできた**。

NC-131Hは2008年に退役するまで色々な機体の研究に大いに役立ち、B-1爆撃機やB-2爆撃機、さらには**スペースシャトルの開発**にも使われた。

特殊飛行機
NO.095

【未完の怪作】
バルティーニVVA・14

ソビエト

　1922年頃、一人のイタリア人航空機設計家がファシスト政権の弾圧を逃れてソビエトに亡命した。**ロベルト・バルティーニ**である。社会主義が人民を幸福にすると信じていたバルティーニは志に燃えてソビエトに渡ったようだが、結局、その志が花開くことはなかった。バルティーニはソビエトで何機もの野心的な機体を設計しているが、数値上の機体性能にこだわるあまり、**実用性に難のある癖の強い機体を連発**したためなかなかものにならなかった。その上、ソビエトの指導者スターリンが、病的な猜疑心と人間不信から外国人というだけで片っ端からスパイと決めつけて逮捕、処刑をし始め、危うくバルティーニも殺されるところだった。

　不幸続きのバルティーニだが戦後には釈放されており、1965年からある意味で彼の代表作といえる**対潜水艦探索機VVA・14**に取り掛かっている。この機体は海面すれすれを飛ぶ際に、飛行機の揚力が増す「地面効果」を利用した地面効果翼機の一種だが、VVA・14は海面上を滑走するだけでなく普通に飛行することもできた。車輪の他に折りたたみ式のフロートを持っており、着水する際はフロートを膨らまして浮くことができた。さらに翼に機

［バルティーニ VVA-14 DATA］【初飛行】1972年 【全長】25.97m 【全幅】30m 【最高速度】760km/h 【乗員】3名

体を持ち上げるリフトエンジンを装備して垂直離着陸も可能となる計画だったという。

つまり**垂直離着陸地面効果翼機**というなんでもありの機体だった。亀とも魚ともつかない奇妙な外見だったが、水平飛行時の特性を見るための、リフトエンジンのない試作一号機の飛行特性は良好だったという。しかし、リフトエンジンの開発が遅れたため計画が変更され、急遽機首にエンジンを増設して**14MIP**と改名された。

だが、結局計画は1976年に打ち切られることになる。1974年に主任設計士の**バルティーニ本人が死去**したためで、**この怪作に情熱を傾ける物好きはもはや本人以外いなかった**のである。14MIPは現在、かなり朽ち果てた状態でモニノ空軍博物館に野外展示されている。

特殊飛行機 NO.096

【極秘作戦の予想外すぎる効果】

プロジェクト・モーガル

アメリカ

1940年代後半の米ソ冷戦の始めの頃、アメリカにとって重要な課題は、ソビエトの核実験を傍受することであった。ソビエトは徹底した秘密主義を貫いており、自分たちに都合のいい情報は大々的に発表するが、そうでない場合はまったく公表しない。当時はまだ偵察衛星はなく、ソビエトの核兵器技術開発の進捗具合を判断するには、核実験による核爆発を探知するなんらかの装置が必要だった。そのために作られたのが**モーガル気球**である。

モーガル気球とは、長いロープに十数個以上の小気球を1列に並べながら取り付け、そこに何基もの**レーダー・ターゲット**（レーダー観測のためにレーダー波を反射しやすくした反射装置）と音響センサーなどを吊り下げた観測装置で、装置全体の長さは180メートル以上もあったという。プロジェクト・モーガルは、これを高空に打ち上げ、**核実験の強力な音響を何千キロも離れた場所からとらえよう**という実験的な計画である。結論から言えばほとんど実験だけで終わっているが、この計画が意外な余波を生むことになる。

1947年、実験中のモーガル気球が**ニューメキシコ州ロズウェル**のフォスター牧場内に墜落、残骸を見つけた牧場主は保安官に通報し、残骸を回収した陸軍は**「空飛ぶ円盤を回収」**

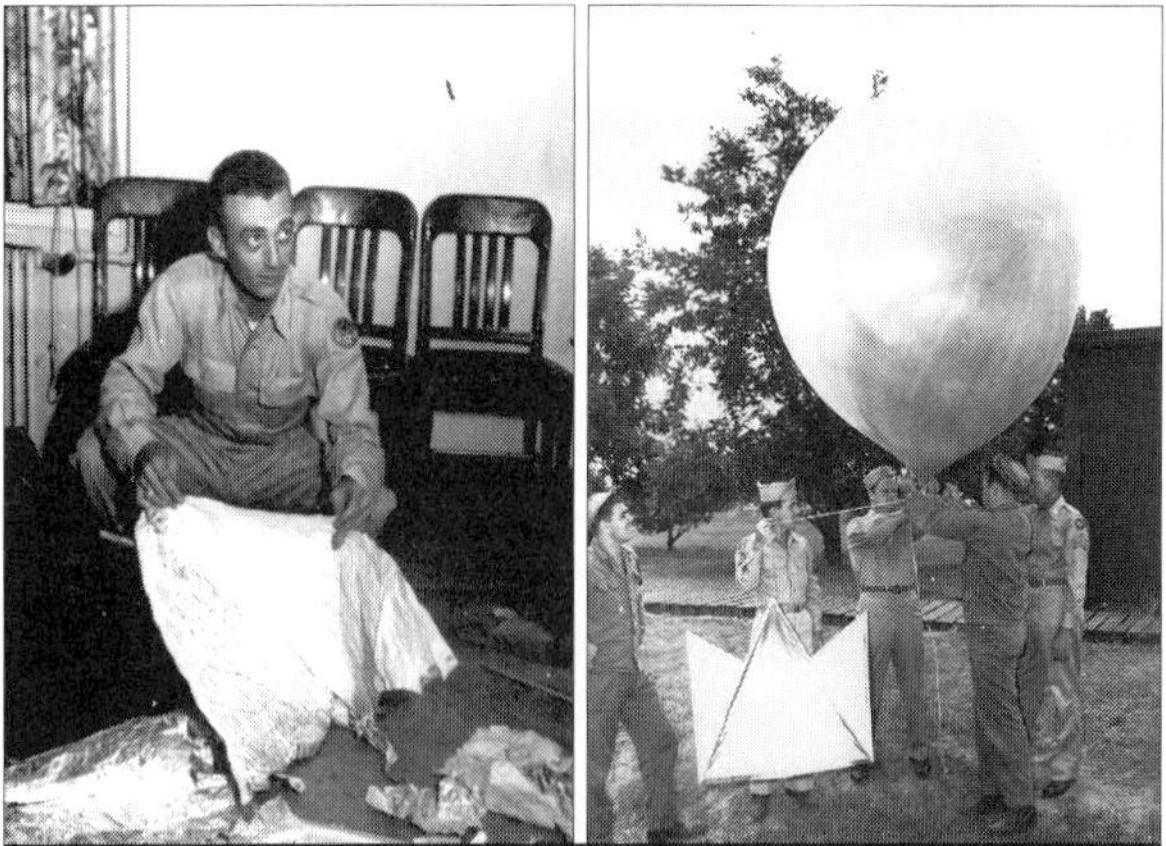

［プロジェクト・モーガル　DATA］【実験】1947年　【全長】約183m
（※写真は左が牧場で回収された落下物の残骸、右は観測用気球）

と発表してしまう。いわゆる**「ロズウェル事件」**である。プロジェクト・モーガルは秘密作戦で、現場に詳細が知らされていなかったために起きた混乱だが、その後**「実は気象観測用気球でした」**という不正確な訂正をしたことで疑惑を生むことになる。

　1970年代後半、UFO研究家がこの一件を再発見し、**「軍がUFO回収を隠蔽している」**と騒ぎ出すと、**「俺も見た」「宇宙人がいた」「第二の墜落現場があった」**などと言い出す人々が急に現れ、世界中で有名になってしまう。

　結果としてプロジェクト・モーガルは当初の目的は果たしていないが、ロズウェルという荒野に囲まれた田舎町にUFOという観光資源を持ち込み、**そこそこの観光地にすることには成功した**と言えるだろう。

特殊飛行機
NO.097

エイブラムス P-1 エクスプローラ

【航空写真専用機】

アメリカ

第一次大戦と第二次大戦の間にあたる戦間期、一気に発達した航空機は軍事用だけでなく**民間用としても開花**しようとしていた。

民間用の飛行機といえば旅客を運ぶ旅客機がすぐに思い浮かぶが、飛行機の特性が革新的な進歩をもたらした分野に、**測量と地図の作成**がある。そもそも第一次大戦時に飛行機が使われ始めたのは上空からだと敵陣の様子が一目でわかり、村のどこそこにどういう部隊が展開しているか、まさに丸見えだったからである。つまり**偵察機が軍用機の始まりだった**のだ。

平和な時代になると、飛行機を地図作りに生かそうという発想が当然出てくるのだが、正確な地図を作るのは、大戦時の偵察のように単に上空から見下ろせばいいというものではなかった。地図作成に使える写真を撮るには良好な視界をもち、碁盤の目をなぞるように決められたルートを正確に安定して、まっすぐ飛び続ける機体が必要だった。

だが、当時の飛行機といえば、振動が激しく下方視界は不良で、吹きさらしで撮影のために高空に行けば寒さで凍えるような機体ばかりだった。そんな折、実業家の**タルバート・エイブラムス**は、これからは測量に航空写真が必要になると考えて、**エイブラムス空中測量会**

[エイブラムス P-1 DATA]【初飛行】1937年【全長】8.3m【全幅】11.7m【最高速度】322km/h【乗員】1名+撮影者1名

社を設立、そこで使う航空写真専用機を開発する。これが**エイブラムス P・1エクスプローラ**である。

P・1は良好な視界を得るためエンジンとプロペラを機体の後方に配置し、**前方を全てガラス張り**にしている。さらに撮影作業がしやすいように、キャビンを密閉式にして居住性を向上させている。

エンジンの振動がキャビンまで伝わってこないように配慮されており、かなり良好な作業環境だったようで、この機体によって、**より広い範囲をより早く撮影することが可能になった**。

現在では飛行機からレーザーや電波を発射してセンチ単位の測量が行われているが、そのような航空測量の元祖の一つが、このP・1だったのである。

特殊飛行機 No.098

【嵐の内部に突入せよ】

台風観測機

アメリカ

台風は巨大な熱帯低気圧であり、その内部は猛烈な雨と風が吹き荒れている。台風が直撃すれば甚大な被害が出ることもあるし、何より空を飛ぶ飛行機が台風に遭遇したら大変なことになる。空の安全のためにも台風の進路予測や勢力の把握は大切なことなのだ。

まだ気象衛星もなかった１９４６年、アメリカ空軍は気象観測のために飛行機に観測機器を搭載し、そのまま台風に突入して観測を行う特殊部隊**「ハリケーン・ハンター」を創設**した。使用していたのはＢ‐29爆撃機を改造した**気象観測機ＷＢ‐29**である。この機体で台風に突入し、**台風の目まで到達して中心気圧などを観測する**のだ。また、ＷＢ‐29には**ソビエトの核実験で出る放射性物質を採取する任務**も与えられていた。気象衛星が実用化されて以後も、衛星のデータだけではわからない部分は実際に観測して見なければならず、**ハリケーン・ハンターは現在も活躍**しており、各地に観測部隊が展開している。

現在台風観測に使われているのは、Ｐ‐３Ｃ対潜哨戒機やＣ‐１３０Ｊ輸送機などの信頼性の高い機体に改造を施したもので、現在のハリケーン・ハンターはＣ‐１３０Ｊの改造型**ＷＣ‐１３０Ｊ**を使用している。**「ドロップゾンデ」**と呼ばれる投下式の観測センサーなど

［台風観測機（WC-130J） DATA］【配備】1999年（J型） 【全長】29.79m 【全幅】40.41m 【最高速度】671km/h 【乗員】5～6名

の気象観測機器を搭載し、予備燃料タンクを増設したものである。

当然のことながら、**台風突入は危険な任務**であり、**過去には死者も出ている。**台風の内部では激しい雨が窓を叩いて**視界は完全にゼロ**であり、飛行は計器頼りとなるし、**オフロードを走っているかのような無茶苦茶な揺れ**となる。

WC‐130Jが取得したデータは衛星を通じてアメリカの国立ハリケーンセンターに送信される。これらの観測データを元にして計算された**台風の進路や勢力の予測が国民に伝えられる**のである。

日本でも**名古屋大学**が、2016年からドロップゾンデを搭載した航空機で台風観測をする計画を開始した。この計画は現在も進行中である。

特殊飛行機 NO.099

【空飛ぶ天文台】

空中天文台ＳＯＦＩＡ

アメリカ

　空に輝く星々を研究するのが天文台の役割の一つであるが、地上にある天文台には、その**業務を遂行する上で問題点もあった。**空が雲に覆われると観測できなくなるし、地上付近の濃い大気が邪魔をして星からくる光がうまくとらえられないのである。**ハワイのマウナケア山に世界各国の天文台が集中**しているのも、**気候が安定し、空気が薄く澄んでいるから**だ。

しかし、大気に邪魔されないで観測を行う方法は、なにも高山に登るだけではない。飛行機に望遠鏡を積んで空を飛べば、世界のどんな山より高い場所から観測を行うことができる。

そこで１９７４年に完成したのが**空中天文台「カイパー」**である。カイパーは**Ｃ・１４１Ａ輸送機**の胴体前部に**直径９１・５センチの赤外線望遠鏡を搭載**し、地上では水蒸気に遮蔽されて届きにくい天体からの赤外線を、１万４０００メートル上空で観測することができた。

このカイパーの後継機にして発展型が**「ＳＯＦＩＡ」**である。ＳＯＦＩＡはアメリカとドイツの共同開発による機体で、**ボーイング７４７ＳＰワイドボディ機**という胴体幅の広い旅客機を改造し、カイパーより大きな**直径２・５メートルの赤外線望遠鏡**が搭載されている。カイパーの観測用展望窓が機体前部にあったのに対し、ＳＯＦＩＡの観測用展望窓は**胴体後**

［SOFIA DATA］【初飛行】2007年 【全長】56.31m 【全幅】59.64m 【乗員】3名+若干名の科学者

部にあり、**扉を開くことで望遠鏡が露出**し観測することができた。**高度な振動遮断装置**で守られており、エンジンなどの機体の振動に影響を受けることもない。原型機の747SPの航続距離が極めて長いこともあって、SOFIAは世界中のあらゆる場所の上空で観測を行う能力があった。

その性能も期待通りで、地上からでは写真撮影に何時間も必要な天体も、水蒸気に邪魔されないSOFIAからなら**わずか数分で撮影が完了**するという。

ただし、当然のことだが、SOFIAは観測のたびに**ジャンボ機1機を飛ばすコストがかかる**。これが問題視され、当初予定していた観測機器を搭載できたわずか11日後には**予算削減が言い渡される**など、必ずしも見通しは明るくないようである。

特殊飛行機 NO.100

【空中から地底を見る】

CASA C212 地中探査機型

オランダ

１９７０年代初め、スペインの航空機メーカー**CASA**は多用途中型輸送機を完成させる。**C２１２**である。C２１２は平凡な双発輸送機だが、それゆえに様々な用途に安定して使え、軍用では物資輸送、民間では輸送の他にスカイダイビングなどにも使われた。

１９８０年代半ば、オランダの世界的な**地下資源調査会社フグロ**は、新たな**地下探査システムGEOTEM**を手に入れた。飛行機から磁場の信号を発信しながら飛行し、地下で発生するわずかな電流を曳航するバードと呼ばれるセンサー内蔵の子機で捉えることで、**電流の変化から地下資源を見つけ出す**というシステムである。

この装置を搭載する機体として選ばれたのが、**CASA C２１２**であった。しかし、もともと平凡な輸送機にすぎないC２１２にGEOTEMを搭載するには、機体の大改造が必要だった。この結果、GEOTEM搭載型C２１２は、なんとも言えない奇妙な外見の機体に仕上がった。送信アンテナはワイヤーを巻いたものだが、これを機体に取り付けるために、機首と尾部にアンテナ用の支柱が突き出し、機首、主翼の翼端、尾部と、**機体を囲むようにアンテナが巻かれている**。機体底部にはバードが取り付けられており、探査時にはこれ

[CASA C212　DATA]（スペックは通常型C212のもの）【初飛行】1971年　【全長】16.2m　【全幅】20.28m　【最高速度】370km/h　【乗員】2名+乗客または貨物

を曳航しながら飛行し、広範囲の地下を素早く調査することができるのである。

このタイプのC212は各地で調査に活躍し、日本の国際協力事業団（現・国際協力機構）によるモロッコでの地下資源調査にも使われたという。だが、2011年にエンジントラブルから強行着陸を試みて失敗、**空港のコンクリート壁に衝突して大破**する事故を起こしている。巨大なループアンテナと探査機器を無理やり搭載している地中探査型C212は飛行性能で劣り、**殊更エンジントラブルに弱かった**ようである。

このことはかねてからわかっていたようで、より大型で4発エンジンのデ・ハビランド・カナダDHC-7に、より大型化したシステムを搭載したものが既に完成しており、こちらも各地の調査に活躍している。

■参考文献

【書籍、雑誌】

浜田一穂『未完の計画機』（イカロス出版）
浜田一穂『未完の計画機2』（イカロス出版）
秋本実『日本飛行船物語―航空界の特異な航跡を辿る』（光人社）
『別冊一億人の昭和史　日本航空史』（毎日新聞社）
野原茂『ドイツ空軍偵察機・輸送機・水上機・飛行艇・練習機・回転翼機・計画機　１９３０－１９４５』（文林堂）
『世界の傑作機１２５　コンベアB－36ピースメイカー』（文林堂）
『世界の傑作機79　P－51ムスタングD型以降』（文林堂）
『Xの時代―未知の領域に踏み込んだ実験機全機紹介（世界の傑作機スペシャル・エディション３）』（文林堂）
『航空史シリーズ　軍用機時代の幕開け』（デルタ出版）
『大空への挑戦３』（航空ジャーナル）
「航空ジャーナル」（86年2月号）
米空軍編集、中村省三訳『実録ロズウェル事件』（グリーンアロー出版）
江戸雄介『翼よあれがアメリカの灯だ―太平洋無着陸横断飛行』（健友館）
牧野光雄『飛行船の歴史と技術（交通ブックス３０８）』（成山堂書店）
ウィリアム・グリーン著、北畠卓訳『第二次世界大戦ブックス〈33〉ロケット戦闘機―「Ｍｅ１６３」と「秋

水』（サンケイ新聞社出版局）
レッカ社『第二次世界大戦の「秘密兵器」がよくわかる本』（ＰＨＰ研究所）
白石光『第二次世界大戦世界の戦闘機ＳＥＬＥＣＴ１００』（笠倉出版社）
中村寛治『カラー図解でわかる航空力学「超」入門』（ＳＢクリエイティブ）
横山雅司『本当にあった！　特殊兵器大図鑑』（彩図社）
横山雅司『本当にあった！　特殊乗り物大図鑑』（彩図社）

【ウェブサイト】
ロッキード・マーチン社（https://www.lockheedmartin.com/）
ボーイング社（http://www.boeing.com/）
エアリオン社（http://www.aereoncorp.com/）
「Lee-Richards annular monoplane - Their Flying Machines」（http://flyingmachines.ru/Site2/Crafts/Craft28842.htm）
「Armstrong Flight Research Center」（https://www.nasa.gov/centers/armstrong/home/index.html）
ファセットモービル社（http://www.facetmobile.com/）
ストラトランチシステム（http://www.stratolaunch.com/）
パイアセッキエアクラフト（http://www.piasecki.com/）

その他、多数の書籍やウェブサイトを参考にさせていただきました。

■ 著者紹介

横山雅司（よこやま・まさし）
イラストレーター、ライター、漫画原作者。ASIOS（超常現象の懐疑的調査のための会）のメンバーとしても活動しており、おもにUMA（未確認生物）を担当している。好きな乗り物は飛行船。第一次大戦の兵器にも興味が出てきた。
著書に『本当にあった！　特殊兵器大図鑑』『本当にあった！　特殊乗り物大図鑑』『憧れの「野生動物」飼育読本』『極限世界のいきものたち』『激突！　世界の名戦車ファイル』（いずれも小社刊）などがある。

本当にあった！
特殊飛行機大図鑑

平成30年2月9日 第1刷

著　者　横山雅司

発行人　山田有司

発行所　株式会社　彩図社
東京都豊島区南大塚3-24-4
MTビル　〒170-0005
TEL:03-5985-8213　FAX:03-5985-8224
http://www.saiz.co.jp
https://twitter.com/saiz_sha

印刷所　新灯印刷株式会社

　ISBN978-4-8013-0279-2 C0195